DAM SAFETY MANAGEMENT
PRE OPERATIONAL PHASES OF THE DAM LIFE CYCLE

GESTION DE LA SÉCURITÉ DES BARRAGES
PHASES DE CONCEPTION, CONSTRUCTION ET MISE EN SERVICE

T0187541

INTERNATIONAL COMMISSION ON LARGE DAMS
COMMISSION INTERNATIONALE DES GRANDS BARRAGES
61, avenue Kléber, 75116 Paris
Téléphone : (33-1) 47 04 17 80
http://www.icold-cigb.org./

Cover/*Couverture*:
Cover illustration: Vieux Emosson (Switzerland / Suisse)

CRC Press/Balkema is an imprint of the Taylor & Francis Group, an informa business
© 2021 ICOLD/CIGB, Paris, France

Typeset by CodeMantra

Published by: CRC Press/Balkema
Schipholweg 107C, 2316 XC Leiden, The Netherlands
e-mail: Pub.NL@taylorandfrancis.com
www.routledge.com – www.taylorandfrancis.com

AVERTISSEMENT – EXONÉRATION DE RESPONSABILITÉ:

Les informations, analyses et conclusions contenues dans cet ouvrage n'ont pas force de Loi et ne doivent pas être considérées comme un substitut aux réglementations officielles imposées par la Loi. Elles sont uniquement destinées à un public de Professionnels Avertis, seuls aptes à en apprécier et à en déterminer la valeur et la portée.

Malgré tout le soin apporté à la rédaction de cet ouvrage, compte tenu de l'évolution des techniques et de la science, nous ne pouvons en garantir l'exhaustivité.

Nous déclinons expressément toute responsabilité quant à l'interprétation et l'application éventuelles (y compris les dommages éventuels en résultant ou liés) du contenu de cet ouvrage.

En poursuivant la lecture de cet ouvrage, vous acceptez de façon expresse cette condition.

NOTICE – DISCLAIMER:

The information, analyses and conclusions in this document have no legal force and must not be considered as substituting for legally-enforceable official regulations. They are intended for the use of experienced professionals who are alone equipped to judge their pertinence and applicability.

This document has been drafted with the greatest care but, in view of the pace of change in science and technology, we cannot guarantee that it covers all aspects of the topics discussed.

We decline all responsibility whatsoever for how the information herein is interpreted and used and will accept no liability for any loss or damage arising therefrom.

Do not read on unless you accept this disclaimer without reservation.

Original text in English
French translation by M. Balissat (chap. 1 to 3)
T. Adeline, C. Casteigts, T. Guilloteau, F. Laugier, J.C. Palacios, G. Pavaday,
M. Poupart, G. Prevot & E. Vuillermet (chap. 4 to 6)
Layout by Nathalie Schauner

Texte original en anglais
Traduction en français par - M. Balissat (chap. 1 à 3)
T. Adeline, C. Casteigts, T. Guilloteau, F. Laugier, J.C. Palacios, G. Pavaday,
M. Poupart, G. Prevot et E. Vuillermet (chap. 4 à 6)
Mise en page par Nathalie Schauner

ISBN: 978-0-367-77031-0 (Pbk)
ISBN: 978-1-003-16948-2 (eBook)

COMMITTEE ON DAM SAFETY
COMITÉ POUR LA SÉCURITÉ DES BARRAGES

Chairman / Président

Canada	P.A. Zielinski

Members / Membres

Albania / Albanie	A. Jovani
Argentina / Argentine	F. Giuliani
Australia / Australie	S. McGrath
Austria / Autriche	E. Netzer
Brazil / Brésil	F. de Gennaro Castro
	C.H. de A.C. Medeiros
Bulgaria / Bulgarie	D. Toshev
Canada	D.N.D. Hartford
Chile / Chili	C. Priscu
China / Chine	Z. Xu
Czech Republic / Rep Tchèque	J. Poláček
Finland / Finlande	E. Isomaki
France	M. Poupart
Germany / Allemagne	U. Sieber
	R. Pohl
Iran	M. Ghaemian
	A. Soroush
Italy / Italie	C. Ricciardi
Japan / Japon	K. Kido
	H. Kotsubo
Korea / Corée	S. Dong-Hoon
Latvia / Lettonie	S. Dislere
	D. Kreismane
Netherlands / Pays-Bas	J.P.F.M. Janssen
Norway / Norvège	G. Holm Midttømme
Pakistan	A. Salim Sheik
Portugal	A. Da Silva Gomes
	L. Caldeira
Romania / Roumanie	A. Abdulamit
Russia / Russie	E.N. Bellendir
Serbia / Serbie	I. Tucovic
Slovakia / Slovaquie	P. Panenka

Slovenia / Slovénie	N. Humar
South Africa / Afrique du Sud	I. Segers
Spain / Espagne	J.C. De Cea
Sri Lanka	B. Kamaladasa
Sweden / Suède	M. Bartsch
Switzerland / Suisse	M. Balissat
Turkey / Turquie	T. Dinçergök
United Kingdom / Royaume-Uni	A. Hughes
United States / États-Unis	C.G. Tjoumas

SOMMAIRE	CONTENTS

TABLE DES MATIÈRES

TABLE OF CONTENTS

FIGURES & TABLEAUX

FIGURES

FIGURES & TABLES

FIGURES

TABLEAUX

16

TABLES

PREFACE

En 2011 le Comité de la CIGB pour la sécurité des barrages (CODS) publiait un rapport présentant les processus conduisant à l'identification, au suivi et à la prise en compte de l'ensemble des problèmes actuels et potentiels affectant la sécurité de barrages en service. Ce rapport, approuvé comme Bulletin CIGB 154 et intitulé "Gestion de la sécurité des barrages: phase d'exploitation dans le cycle de vie d'un barrage", mettait en évidence que dans le cycle de vie d'un barrage (études conceptuelles et de faisabilité - projet - construction - mise en service - exploitation - réhabilitation/désaffectation) la phase d'exploitation était la plus longue et exigeait la mise en place par l'organisme responsable d'un processus entièrement capable de prendre en charge tous les aspects liés à la sécurité du barrage.

Au début de la conception du Bulletin 154 le groupe de travail en charge de la rédaction et l'ensemble du Comité de la sécurité des barrages (CODS) parvinrent à la conclusion que la gestion de la sécurité dans la phase d'exploitation était probablement la tâche la plus exigeante et, au vu du nombre important de barrages en service, la plus urgemment requise aussi. Cependant le Comité a aussi constaté qu'un autre document traitant de tous les aspects du développement et de la mise en œuvre d'une gestion moderne de la sécurité dans les autres phases de la vie d'un barrage devait constituer une tâche prioritaire pour le Comité dans le futur.

Le présent rapport développe l'approche générale et les concepts présentés dans le Bulletin 154, en les appliquant à l'ensemble des phases précédant la phase d'exploitation. Son importance doit être soulignée, si l'on songe que bien des risques affectant l'exploitation de barrages en service trouvent leur origine dans des phases antérieures. De nombreux bulletins de la CIGB traitent des aspects essentiellement techniques de la planification, de la conception, de la construction et de la mise en service des barrages, mais il n'y a aucun bulletin couvrant le sujet de manière complète. Ce document constitue la première tentative d'appréhender tous les aspects de la sécurité des barrages dans les phases précédant l'exploitation en caractérisant systématiquement les acteurs concernés, leurs rôles, ainsi que les activités et les interactions souvent complexes durant les différentes phases du cycle de vie des barrages.

Les membres du Comité de la sécurité des barrages espèrent que les idées développées et présentées dans ce document constitueront une meilleure directive et assistance dans l'identification et la suppression de défauts potentiels de sécurité avant que ceux-ci ne se manifestent alors que le barrage a été achevé et est en exploitation.

PRZEMYSLAW A. ZIELINSKI
PRÉSIDENT,
COMITÉ DE LA SÉCURITÉ DES BARRAGES

FOREWORD

In 2011 the ICOLD Committee on Dam Safety (CODS) submitted a report aimed at complete characterization of processes supporting the identification, tracking and effective addressing of all potential and actual problems that can impact the safety of the existing dams. The report approved as ICOLD Bulletin 154 Dam Safety Management: Operational Phase of the Dam Life Cycle recognized that within the complete life cycle of a dam (concept - feasibility - design – construction – commissioning – operation – rehab/decommissioning), the operational phase was the longest and required that the organization responsible for the dam had a process in place that was fully capable of addressing all aspects of dam safety.

In the early stages of Bulletin 154 development, Working Group preparing the document and the entire CODS came to the conclusion that the management of dam safety in the operational phase was possibly the most challenging, and, taking into account the sheer number of existing dams, was also the most urgently needed. However, CODS also recognized that another document addressing all aspects of development and implementation of the modern safety management approach to other phases of the dam life cycle should be considered as a priority task for the CODS in the future.

This document extends the general approach and concepts presented in Bulletin 154 to all phases of dam life cycle preceding the operational phase. Its importance cannot be overstated if one recognizes that many risks associated with the operation of existing dams have their origins in other phases preceding the actual operation. Although there are numerous ICOLD Bulletins addressing mostly technical aspects of planning, design, construction and commissioning of dams, there is not a single Bulletin which covers the subject in a comprehensive manner. The current document is the first attempt to capture all relevant dam safety aspects in all preoperational phases by systematically characterizing the actors involved, their roles, the activities and complex interactions present in different phases of the dam lifecycle.

Committee on Dam Safety members hope that the ideas developed and presented in the document will provide a better guidance and help in identifying and eliminating potential sources of dam safety issues, before they actually happen when the dam has been already built and is being operated.

PRZEMYSLAW A. ZIELINSKI
CHAIRMAN
COMMITTEE ON DAM SAFETY

REMERCIEMENTS

Le Comité de la sécurité des barrages et la direction de la CIGB tiennent à remercier les membres du groupe de travail du Comité pour leurs contributions, ainsi que le soutien fourni par les organismes les parrainant. La version finale du texte est le résultat d'un effort collectif de l'ensemble du Comité qui a formulé des recommandations générales et fourni des contributions diverses dans la période allant de 2013 à 2018. La tâche consistant à transformer ces recommandations en directives pour la gestion des risques liés aux barrages a été assumée par le groupe de travail. Le groupe a non seulement fonctionné comme un forum d'échange d'idées, mais il a été aussi déterminant en examinant les commentaires des membres du Comité. Un atelier a été tenu à la Réunion Annuelle de Prague (2017), durant lequel le projet de Bulletin a été présenté à une audience élargie et a permis de récolter des remarques utiles de l'assistance.

La rédaction des textes et la préparation de la version finale ont été réalisées par :

1. M. M. Balissat, Leader du groupe de travail, Consultant senior chez Stucky SA, Suisse - avec soutien financier et aimable assistance de Stucky SA;

2. Dr. D.N.D. Hartford, Scientiste principal, BC Hydro, Canada – avec soutien financier et aimable assistance de BC Hydro;

3. M. M. Poupart, anciennement Conseiller en sécurité des barrages chez Electricité de France, actuellement Consultant Indépendant;

Il y a lieu de relever que l'effort fourni par les membres du Groupe de travail a été conséquent et que leur travail a été déterminant pour l'achèvement du Bulletin. Les membres du groupe de travail bénéficiaient tous d'une connaissance et d'une expérience étendues des problèmes liés à la sécurité des barrages. Cette large vue sur les aspects régulateurs, organisationnels, gestionnaires et techniques de la sécurité des barrages devrait aider, nous l'espérons, les lecteurs de ce Bulletin dans la conception et la mise en œuvre d'un système moderne complet pour le projet, la construction et la mise en service de barrages.

PRZEMYSLAW A. ZIELINSKI
PRÉSIDENT,
COMITÉ DE LA SÉCURITÉ DES BARRAGES

ACKNOWLEDGMENTS

The Committee on Dam Safety and the ICOLD Executive gratefully acknowledge the contribution of members of the Committee's Working Group and the support provided by their sponsoring organizations. The final text of the Bulletin is the result of the collective effort of the entire CODS which continued providing general guidance and valuable input during the period of 2013 to 2018. The task of converting this guidance into guidelines for managing dam risks rested with the Working Group. The Group not only acted as a forum for exchange of ideas but was also instrumental in reviewing comments from CODS members. A workshop was held at the 2017 Annual Meeting in Prague, where the draft of the Bulletin was presented to a broader audience and initiated valuable comments and remarks from the participants.

The task of writing the drafts and preparing the final text was carried out by:

1. Mr. M. Balissat, Working Group Leader, Senior Consultant at Stucky Ltd., Switzerland - financial and in-kind assistance provided by Stucky Ltd;

2. Dr. D.N.D. Hartford, Principal Engineering Scientist, BC Hydro, Canada – financial and in kind assistance provided by BC Hydro;

3. Mr. M. Poupart, previously Dam Safety Advisor at Electricité de France, presently Independent Consultant, France.

It needs to be stressed that the effort provided by the members of the Working Group was extensive and its work was instrumental for completion of the task. Working Group members had a substantial knowledge and experience of dam safety issues. This breadth of perspective on regulatory, organizational, managerial and engineering aspects of dam safety management can hopefully provide the readers of this Bulletin with the help in conceiving and implementing a modern comprehensive management system for designing, building and commissioning dams.

PRZEMYSLAW A. ZIELINSKI
CHAIRMAN
COMMITTEE ON DAM SAFETY

1. INTRODUCTION

1.1. POURQUOI CE BULLETIN?

Les barrages sont des structures massives qui retiennent des volumes considérables d'eau pouvant causer des dommages importants, voire même catastrophiques à l'aval de leur emplacement. Ils représentent un danger potentiel en cas de rejet d'eau non contrôlé, dû à une submersion en cas de crue, ou à une vague engendrée par un glissement de terrain dans la retenue. Évidemment une défaillance structurale du corps du barrage ou de la fondation, ainsi que le mauvais fonctionnement d'un organe de décharge peuvent également constituer des dangers. Bien que de nombreux risques liés aux barrages relèvent de l'exploitation de ces structures, certains sont ancrés dans les phases précédant l'exploitation. On peut les trouver dans les premières planifications d'un aménagement de barrage, dans le projet de détail des ouvrages, ainsi que dans les phases de construction et de mise en service. Identifier les facteurs de risque et chercher à les minimiser est essentiel pour la sécurité structurale et aussi pour la sécurité d'exploitation (telle qu'anticipée). La sécurité d'un barrage doit être gérée correctement dès le démarrage d'un projet jusqu'aux phases de construction et de mise en service et doit se poursuivre durant toute l'exploitation de l'ouvrage. Cela signifie que la façon dont la sécurité doit être gérée dans la phase d'exploitation est à considérer déjà dans la phase de projet.

Aucun bulletin de la CIGB ne traite de cette situation jusqu'à présent. Les bulletins (voir liste dans l'Annexe B) sont soit purement de nature technique, soit décrivant des méthodes d'analyse des risques d'un point de vue purement théorique. Le présent Bulletin traite des phases précédant l'exploitation d'un barrage et les compare aux directives du Bulletin 154, qui présente des recommandations sur la sécurité pendant l'exploitation du barrage (voir Fig. 1.1).

Dans les phases précédant l'exploitation d'un barrage (allant des études préliminaires à la mise en service) l'attention doit être portée sur la mise en place de mesures d'ingénierie et de construction (meilleure pratique) excluant ou, pour le moins, minimisant le risque de rupture du barrage. Elles concernent des mesures de sécurité portant aussi bien sur les aspects structurels (rétention de l'eau) que sur l'exploitation (transport de l'eau). Différents facteurs (humains et techniques) ont tendance à influer sur les aspects de la sécurité. Tandis que les aspects techniques sont relativement faciles à identifier au niveau du projet, les acteurs humains couvrent eux un large domaine d'aspects interférents et moins bien définis, allant des conflits de personne à l'intérieur d'une équipe de travail à un manque de communication et des défauts d'organisation. Pour cette raison la gestion des étapes conduisant à la réalisation d'un barrage et son exploitation doit être faite en pleine conscience de ces inconvénients possibles et en s'efforçant de les identifier et de les maîtriser.

1.2. IMPORTANCE DE LA SÉCURITÉ DES BARRAGES À TOUTES LES ÉTAPES DU DÉVELOPPEMENT

La décision d'investir dans le développement d'un projet de barrage revêt à plusieurs égards une grande importance que ce soit sur le plan national ou international. L'investissement consenti est généralement d'une telle ampleur qu'il est impératif que le développement du projet satisfasse pleinement aux objectifs fixés, ainsi qu'à d'autres buts tels qu'établis après la construction ou déterminés selon la durée économique de vie du barrage, voir au-delà (cycle de vie complet). Il faut admettre que l'investissement est assuré dès le début du projet et que le principe de base qui veut que le développement du barrage fournisse une contribution positive à la société est réalisé. Les aspects de sécurité jouent un rôle central lorsqu'il s'agit de garantir un investissement sur la durée de vie d'un barrage.

1. INTRODUCTION

1.1. WHY THIS BULLETIN?

Dams are massive structures retaining large water bodies able to cause substantial or even catastrophic damages downstream of their location. As such they represent a potential hazard in case of uncontrolled release of water due to overtopping by flood or by submergence caused by a sliding earth mass in the reservoir. Obviously structural failure of the dam body or its foundation or malfunction of water releasing structures constitute also potential hazards. Although many risks associated with dams are linked to the operation of these structures some of them are imbedded in the phases preceding operation. They can be found at the preliminary planning of the dam scheme, during the detail design of the structures, as well as during the construction and commissioning phases. Identifying the risk factors and trying to minimize them are essential to structural safety and to (planned) operational safety. Dam safety has to be adequately managed from the onset of a project development until its construction and commissioning. It shall be pursued during the whole operation of the scheme. This means that how dam safety is to be pursued in the operational phase of the life-cycle must be developed in the design phase of the project.

Until present no bulletin of ICOLD was directly addressing this situation. Bulletins (see list in Appendix B) are either purely technical or describing risk evaluation methods from a theoretical point of view. The present Bulletin addresses the pre-operational phases of a dam project and links them to the guidance of the previously issued Bulletin 154 which presents recommendations for safety management during the operation of the dam (see Fig. 1.1).

In phases preceding operation of a dam scheme (going from preliminary studies to commissioning) attention has to be given to the implementation of engineering and construction measures (best practice) excluding or, at least, minimizing the risk of failure of the dam. They encompass both structural (retention of water) and operation (conveyance of water) oriented safety measures. Several factors (human and technical) tend to affect the safety aspects of a dam. Whereas technical aspects are relatively easy to identify in design, human factors covers a broad range of interfering and less strictly defined aspects going from personality conflicts within a working team to deficient communication and organizational flaws. Therefore, management of the steps leading to the realization of a dam scheme and its operation should be aware of these possible drawbacks and should put all necessary efforts into identifying and controlling them.

1.2. IMPORTANCE OF DAM SAFETY AT ALL DEVELOPMENT STAGES

A decision to invest in the development of a dam is a very significant matter that can be of national and even international importance from multiple perspectives. The investment involved is generally so large that it is imperative that the development fulfil all of the intended objectives and other objectives as might be determined after construction, or as determined over the economic evaluation period of the dam and beyond (the whole life-cycle). It can be taken as a premise that the investment must be secured at the outset in such a way that the principle that development of the dam results in a net positive contribution to society is realised. Dam Safety considerations have a pivotal role in securing the investment over the whole life-cycle of the dam.

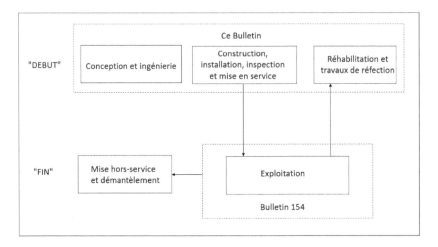

Figure 1.1
Étendue du bulletin

Dans le contexte actuel, les considérations sur la sécurité des barrages qui englobent tous les aspects de gestion de la sécurité durant le cycle de vie contribuent beaucoup mieux à assurer l'investissement consenti que par le passé où la sécurité était perçue essentiellement d'un point de vue structurel (CIGB B59, 1987) :

La sécurité d'un barrage se traduit par son indépendance vis-à-vis de tous les états ou développements qui pourraient conduire à la détérioration ou la destruction. La marge qui sépare la condition actuelle du barrage, ou les conditions pour lesquelles il a été conçu, de celle(s) conduisant à un dommage ou à la destruction, constitue la mesure de sa sécurité. Pour être en état de sécurité un barrage doit bénéficier de réserves appropriées, qui tiennent compte de tous les scénarios raisonnablement imaginables dans le cadre d'une utilisation normale et lors de conditions exceptionnelles intervenant durant son cycle de vie

À titre d'illustration la manière d'appréhender la sécurité d'un barrage dans la phase de projet a une influence sur les coûts de construction ainsi que sur la sécurité pendant la construction. Par la suite elle va également influencer la sécurité et les coûts d'exploitation, la constructibilité et la sécurité lors de modifications, d'améliorations et de réfections et finalement lors de la désaffectation.

Le choix du type d'évacuateur de crues, qui a lieu généralement au niveau des études de conception ou de la faisabilité peut influencer de manière significative les coûts d'exploitation pendant la durée de vie du barrage, ainsi que l'efficacité de la sécurité d'exploitation. Les coûts d'exploitation qui peuvent être influencés par les choix faits lors des études de conception vont au-delà des seules composantes physiques et incluent les coûts de surveillance et d'auscultation, les frais de personnel, ainsi que les coûts de maintenance et de réparation et, finalement, ceux d'amélioration et de réhabilitation avant la fin du cycle de vie du barrage.

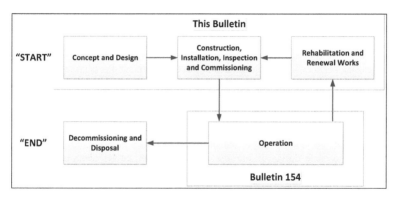

Figure 1.1
Extent of this bulletin

In the modern context, Dam Safety considerations which include all aspects of safety management over the whole life-cycle contribute to a great deal more to securing the investment than previously considered when dam safety pertained to structural safety (ICOLD B59, 1987):

The safety of a dam manifests itself in being free of any conditions or developments that could lead to its deterioration or destruction. The margin which separates the actual conditions of a dam, or the conditions it is designed for, from those leading to its damage or destruction is a measure of its safety. To be safe, therefore, a dam has to be supplied with appropriate reserves, taking into account all reasonably imaginable scenarios of normal utilization and exceptional hazard which it may have to withstand during its life.

By way of illustration, how dam safety is considered in the design phase influences construction costs and safety during construction, and later on operational safety, costs, constructability and safety of modifications, improvements and renewal, and finally decommissioning.

For instance, the choice of spillway type, a matter that is identified at the conceptual design or feasibility stage can significantly influence whole life-cycle operational costs and the effectiveness of operational safety. Life-cycle operational costs that can be influenced at the conceptual design stage go far beyond the physical components and include surveillance and monitoring costs, staffing costs, maintenance and repair costs and ultimately repair/upgrading/renewal costs prior to the end of the life-cycle.

En plus des raisons d'ordre physique et/ou d'exploitation incitant à inclure déjà au début de la conception du barrage les aspects de sécurité portant sur la durée du cycle de vie, il y a pour l'investisseur des incitations d'ordre financier à considérer un investissement initial dans les mesures de sécurité, ceci pour des raisons d'efficacité financière et de couverture d'assurance. L'efficacité financière est liée à l'économie du projet du point de vue de la valeur des actifs, des frais d'exploitation et des coûts de réhabilitation tandis que le domaine de l'assurance concerne la protection globale de l'investissement. L'investissement dans un barrage est "en péril" depuis la phase initiale de l'investissement jusqu'à la fin de la période de l'évaluation économique avec un risque accru à partir du premier remplissage de la retenue jusqu'après env. 5 ans d'exploitation et, à nouveau, à la fin de l'exploitation de l'ouvrage. La période de remboursement relativement longue du capital initial signifie que les coûts de financement et d'exploitation ne deviennent nets positifs qu'à un moment très avancé dans le cycle de vie du barrage. Pendant ce temps les effets du vieillissement vont commencer à se manifester et des préoccupations sur les aspects de sécurité iront en augmentant. Une conception "robuste" qui tient compte de ces aléas dès le début peut donc grandement influencer les coûts de réparation et de remplacement de certains équipements au cours des étapes suivantes du processus d'évaluation économique. En bref, assurer la sécurité contribue à assurer la valeur de l'investissement et vice-versa.

1.3.   PRINCIPES GÉNÉRAUX

Le Bulletin 154 de la CIGB définit neuf principes de la sécurité des barrages qui sont suffisamment généraux pour être appliqués directement ou avec quelque modification mineure à toutes les phases du cycle de vie d'un barrage. Ces principes sont les suivants :

a.   Justification des barrages : les barrages ne devraient être construits et exploités que s'ils apportent un bénéfice global à la société.

b.   Objectif fondamental de la sécurité des barrages : l'objectif fondamental de la sécurité des barrages est de protéger la population, les biens et l'environnement des effets nocifs d'un défaut d'exploitation ou de la rupture de barrages et de réservoirs.

c.   Responsabilité de la sécurité en exploitation : le propriétaire du barrage est le premier responsable de la sécurité et de l'intégrité du barrage en exploitation.

d.   Rôle du gouvernement : le cadre législatif des activités industrielles, dont les barrages font partie, constitue la structure globale pour une exploitation sécuritaire.

e.   Leadership et gestion de la sécurité : un leadership et une gestion efficace de la sécurité doivent être mis en œuvre et maintenus pendant le cycle de vie du barrage.

f.   Mesures de protection / Équilibre entre des objectifs divergents : les mesures de protection doivent permettre d'atteindre un équilibre entre des objectifs divergents pour obtenir les plus hauts niveaux de sécurité et d'intégrité raisonnablement possibles.

g.   Limitation des risques individuels et sociétaux : les mesures de maîtrise du risque doivent assurer qu'aucune personne physique ne coure un risque insupportable et que les risques sociétaux soient inférieurs aux niveaux de risque tolérables par la société.

h.   Durée de vie des barrages et des réservoirs : afin de garantir leur valeur pour la société, les barrages et les réservoirs doivent être exploités sur le long terme. Pour assurer cette durabilité tous les efforts raisonnablement possibles doivent être faits afin de prévenir et d'atténuer les ruptures et accidents.

i.   Préparation des plans d'intervention en cas d'urgence : des plans d'intervention doivent être préparés en cas d'accidents ou de ruptures de barrage.

In addition to the physical and operational justifications for including whole life-cycle safety considerations at an early stage of the design process, there are sound financial reasons for the dam Investor to consider early investment in dam safety for financial efficiency and for insurance reasons. The financial efficiency dimensions relate to the economics of the project over the whole life-cycle from the perspectives of asset value, operational costs and refurbishment/renewal costs whereas the insurance dimensions relate to the overall protection of the investment. The investment in the dam is "at risk" from the initial stages of the investment up to the end of the economic evaluation stage with the investment most "at risk" initially from first filling to approximately 5-years into the service life, and again at the end of the service life of the dam. The relatively long pay-back period for the capital investment in a dam means that the total financing and operational costs of a dam will not become net-positive until well into the economic evaluation life cycle. During this time, the effects of ageing will begin to manifest themselves, and safety expectations can be expected to increase. A robust design that considers these issues at the outset can significantly influence the repair and replacement costs at the later stages of the economic evaluation process. In straightforward terms, securing safety contributes to securing the investment and vice-versa.

1.3. OVERARCHING PRINCIPLES

ICOLD Bulletin 154 defines nine overarching principles for dam safety that are sufficiently general to be applied directly or with minor alteration over all phases of the life-cycle of a dam. These principles are as follows:

a. Justification for dams: Dams should be constructed and operated only if they yield an overall benefit to society.

b. Fundamental Dam Safety Objective: The fundamental dam safety objective is to protect people, property and the environment from harmful effects of misoperation or failure of dams and reservoirs.

c. Responsibility for Operational Integrity and Safety: The prime responsibility for operational integrity and safety of a dam should rest with the Dam Owner.

d. Role of Government: The legal and governmental framework for all industrial activities, including operation of dams, provides the overarching structures for operational integrity and safety assurance.

e. Leadership and management for Safety: Effective leadership and management for operational integrity and safety should be established and sustained over the life cycle of the dam.

f. Balancing of Protection across Competing Objectives: Protection should seek to achieve a balance across competing objectives to provide the highest level of operational integrity and safety that can reasonably be achieved.

g. Limitation of Risk to Individuals and Society: Measures for controlling risks from dams should ensure that no individual bears an unacceptable risk of harm, and that the risks to society do not exceed the risk tolerance levels of society.

h. Sustainability of Dams and Reservoirs: In order to secure the societal value, dams and reservoirs must be sustained in the long term. To ensure sustainability of dams, all reasonably practicable efforts should be made to prevent and mitigate failures and accidents.

i. Emergency Preparedness and Response: Appropriate arrangements should be made for emergency preparedness and response for dam failures and accidents.

L'un des objectifs des phases précédant l'exploitation est évidemment de s'assurer que le barrage respecte tous ces principes quand il est mis en exploitation. Il faut relever que pour la plupart des ouvrages la mise en service débute dès que la mise en eau du réservoir commence et ceci souvent avant que la construction n'ait été transférée à l'Investisseur/Propriétaire.

Des neuf principes généraux les suivants s'appliquent directement sans modification aux phases précédant l'exploitation :

- Justification des barrages

- Objectif fondamental de la sécurité

- Mesures de protection / Équilibre entre des objectifs différents

- Limitation des risques individuels et sociétaux

- Durée de vie des barrages et réservoirs

- Préparation des plans d'intervention en cas d'urgence

Les autres principes, c'est-à-dire responsabilité de la sécurité en exploitation, rôle du gouvernement et leadership et gestion de la sécurité, peuvent être modifiés et adaptés aux phases précédant l'exploitation de telle manière qu'il y ait une transition aisée à la phase d'exploitation au moment de la remise du barrage à l'Investisseur/Propriétaire.

L'Investisseur/Propriétaire assume une responsabilité continue en ce qui concerne le leadership et la gestion de la sécurité pendant toutes les phases du projet (planification, études techniques, construction, contrôle de la qualité), y compris la transition à la phase d'exploitation, puis durant celle-ci et jusqu'à la réhabilitation ou à la désaffectation du barrage.

Les trois principes généraux adaptés aux phases précédant l'exploitation sont les suivants :

Responsabilité de la sécurité dans les phases précédant l'exploitation

La responsabilité première pour l'intégrité et la sécurité du barrage revient au Propriétaire du barrage. Le Propriétaire est, en particulier, responsable vis-à-vis de tiers. Le Concepteur/ Ingénieur est responsable du respect des objectifs de sécurité dans le projet, mais le Propriétaire doit s'assurer qu'il a compris et accepté pleinement les dispositions du projet. Il doit aussi s'assurer de la mise en œuvre correcte d'un système de contrôle de la qualité pendant la construction et à la mise en service. La sécurité des ouvrages durant la construction et la mise en service est, elle, assurée par l'ingénieur en chef, responsable de la direction des travaux, selon les clauses contractuelles établies par l'Investisseur/Propriétaire.

Clearly, one of the objectives of the pre-operational phases is to ensure that the dam conforms to all of these principles when it goes into service. Importantly, for most dam constructions, the dam enters in operation as soon as impoundment begins and often before the construction has been handed over to the Investor/Owner.

Of the 9 overarching principles the following apply directly without any alteration to the pre-operational phases:

- Justification for Dams

- Fundamental Safety Objective

- Balancing of Protection across Competing Objectives

- Limitation of Risk to Individuals and Society

- Sustainability of Dams and Reservoirs

- Emergency Preparedness and Response

The remaining three, Responsibility for Operational Integrity and Safety, Role of Government and Leadership and Management for Safety, can be modified and made specific to the pre-operational phases in a way that there can be a smooth transition to the operational phase when the dam is handed over to the Investor/Owner.

The Investor/Owner has the continued full responsibility to maintain leadership and management for safety during all phases of a project (planning, design, construction, quality control) including transitioning to the operation phase, and subsequently through the operational phase and then into either renewal or decommissioning.

The three revised Pre-operational Safety Principles are provided as follows:

Responsibility for Integrity and Safety in the Pre-Operational Phases

The prime responsibility for the overall integrity and safety of a dam should rest with the Dam Owner. The Owner is responsible for the third-party liabilities. Responsibility for meeting safety objectives of the design should rest with the Designer, but the Owner has to make sure that he is fully understanding and accepting the design of the project. He further carries full responsibility for implementing an adequate quality control system during design and construction. Responsibility for safety of the works during construction and commissioning should rest with the Construction Supervising Engineer as determined by the contractual arrangements established by the Investor/Owner.

Rôle du gouvernement

Le cadre légal et gouvernemental pour toute activité industrielle, y compris concession, développement, exploitation et modification de barrages, contient les principes généraux pour assurer la sécurité avant et pendant l'exploitation, ainsi que durant une réhabilitation ou une mise hors service. Le gouvernement, à travers son régulateur, exige qu'un certain nombre de dispositions et de critères de conception soient respectés. Le Propriétaire doit cependant être plus conservateur, afin de réduire les risques à un niveau acceptable pour la protection du public et de ses propres actifs.

Leadership et gestion de la sécurité dans les phases précédant l'exploitation

Il faut établir un leadership et une gestion efficaces de la sécurité pour les phases du projet précédant l'exploitation qui s'applique aussi au premier remplissage et assure une transition continue et sans heurts à la phase d'exploitation.

1.4.   STRUCTURE DU BULLETIN

Le bulletin est essentiellement destiné aux investisseurs et propriétaires de barrages, mais aussi à tous les acteurs intervenant dans le développement de projets de barrages. Il concerne non seulement le développement de nouveaux aménagements mais aussi l'amélioration et la réhabilitation de barrages existants. Le terme "barrage" ou "aménagement de barrage" ne se limite pas à la seule structure du barrage, mais se réfère également aux ouvrages annexes (évacuateur de crues, vidange de fond, prise d'eau, etc.), ainsi qu'à l'environnement immédiat (réservoir, zone aval). Dans le cas d'aménagements hydroélectriques il concerne aussi la galerie ou le canal d'amenée, la conduite forcée et la centrale. Le barrage doit être ainsi compris comme un *système* qui, comme beaucoup d'autres réalisations de l'homme, est exposé à des risques durant sa conception, sa réalisation et son exploitation.

- • Les phases de développement du barrage et le rôle des différents acteurs sont présentés dans une première partie (Chap. 2). Les relations contractuelles et l'interdépendance des acteurs y sont aussi brièvement décrites et commentées.

- • Dans la partie suivante (Chap. 3) les différents risques inhérents à la conception et à la construction des barrages sont présentés. L'influence de facteurs non-techniques (en particulier les facteurs humains) est relevée et l'importance de l'incertitude dans la conception et la construction de barrages est discutée. Il est en particulier fait mention du constant besoin d'améliorer la connaissance des conditions ambiantes par des investigations. Des règles générales de réduction des risques dans le développement d'un projet de barrage sont proposées.

- • La nécessité de définir un système général de gestion de la sécurité valable pour tous les acteurs est présenté dans le Chap. 4. En partant d'objectifs de sécurité on décrit leur transformation en actions réalisables. Le rôle des différents acteurs dans ce cadre est présenté. Le Propriétaire/Promoteur étant le principal moteur du projet, sa responsabilité est particulièrement soulignée. L'organisation et les règles générales du système de gestion du Propriétaire/Promoteur sont décrites. La gestion des modifications, qui est une question importante dans le développement de projets de barrages, est aussi traitée.

Role of Government

The legal and governmental framework for all industrial activities, including licensing, development, operation, and alteration of dams, provides the overarching structures for pre-operational and operational integrity and safety assurance, and for safety during renewal or retirement from service. The Government through its regulatory agency requires a number of policies and design criteria to be satisfied. But the Owner has to be even more conservative for reducing potential risks to a level satisfactory for the protection of the public and its own assets.

Leadership and Management for Safety in the Pre-Operational Phases

Effective leadership and management for pre-operational integrity and safety should be established in a way that deals with all aspects of safety including first filling and provides for a smooth and uninterrupted transition to the operational phase of the life cycle of the dam.

1.4. BULLETIN STRUCTURE

The Bulletin is mainly intended for dam owners and investors but also for all other actors intervening in the development of dam projects. It concerns not only development of new dam schemes but also heavy rehabilitation or upgrading of existing dams. The term "dam" or "dam scheme" is not limited to the dam structure itself but encompasses the appurtenant structures (spillway, bottom outlet, water intake, etc.) and the surrounding environment (reservoir, downstream area). In case of hydropower development, it concerns also the power intake, headrace tunnel or canal, penstock and powerhouse. Thus, the dam has to be understood as a *system* that, as many other undertakings of mankind, is exposed to risks during its development and its operation.

- Dam development phases and role of the various actors are presented in a first section (Chap. 2) of the Bulletin. Contractual relations and interdependency of the actors are also briefly described and commented.

- In the following section (Chap.3) the various risks involved in design and construction of dams are described. The influence of nontechnical (human) factors is stressed and the importance of uncertainty in dam design and construction is discussed. The need to improve knowledge of the prevailing conditions by investigation is also presented. General rules for minimizing risks in the development of a dam project are proposed.

- The need of defining an overarching safety management system for all actors is presented in Chap. 4. Starting from safety objectives their transformation in implementable actions is described. The roles of the different actors within this framework are presented. As the Owner/Developer shall be considered as the main driving force in the development of a dam project this responsibility is especially stressed. General organization and policies of the Owner/Developer's management system are presented. Management of changes is an important issue in the development of dam projects is also discussed.

- Finalement les principes d'ingénierie à appliquer non seulement à la conception de nouveaux barrages, mais aussi à la préservation des actifs durant le cycle de vie d'un barrage sont décrits et commentés dans le Chap. 5.

1.5. TERMINOLOGIE

Le terme anglais "*safety*" se traduit littéralement par "sûreté" en français. A ce titre il exprime bien la nécessité de disposer d'un aménagement (barrage, ouvrages annexes) dont la tenue et le fonctionnement sont "sûrs" vis-à-vis de toute forme de sollicitation externe et/ou de comportement des matériaux constitutifs. Lorsqu'on considère l'ensemble des mesures de protection appliquées en cas de défaut du fonctionnement, en particulier celles concernant la protection de tiers ou de l'infrastructure à l'aval d'un aménagement, le terme "sécurité" est généralement utilisé. La sûreté (du fonctionnement) va donc de pair avec la sécurité. Cette dernière englobe également toutes les mesures de protection contre des actions malveillantes (vols, déprédations, actes de terrorisme, etc.).

La terminologie n'est pas uniforme dans le monde francophone. Dans le présent bulletin on a retenu de façon générale le terme "sécurité" des barrages, au détriment de "sûreté", dans la mesure où la première expression figurait déjà dans le Bulletin 154.

- Finally engineering principles to be applied not only to design of new dams but also to the preservation of the asset function during the lifetime of a dam are presented and commented in Chap. 5.

2. PHASES DE DÉVELOPPEMENT D'UN PROJET DE BARRAGE ET SES ACTEURS

2.1. LE BARRAGE COMME PROTOTYPE

Développer un projet d'aménagement hydraulique incluant un barrage comme structure majeure de retenue est une entreprise longue et difficile, car elle implique de multiples enjeux et nécessite souvent des compromis entre des intérêts divergents.

Lorsque la taille d'un réservoir a été choisie en fonction de critères hydrologiques et de considérations économiques, la disposition et le type de barrage vont dépendre essentiellement de conditions topographiques et géologiques, ainsi que de la disponibilité de matériaux de construction. Les ouvrages de dérivation requis pendant la construction, puis ceux d'évacuation des crues dans la phase d'exploitation peuvent être aussi décisifs dans le choix du type et de la disposition du barrage. De plus chaque projet de barrage doit être conçu en fonction de son future usage (approvisionnement en eau, irrigation, protection contre les crues, production d'énergie, etc.) et doit répondre aux exigences environnementales et de sécurité du public. Ceci démontre bien le caractère unique de chaque aménagement de barrage.

Il en découle que la conception et la construction de barrages ne peut pas être un processus industriel standardisé comme la production de biens de consommation ou même la fabrication d'automobiles ou d'avions. La majorité des enjeux liés aux barrages dépendent du site choisi et ne peuvent être traités qu'en appliquant des principes techniques généraux et des règles relevant de l'état de l'art et de la pratique. Les exigences de sécurité sont plus difficiles à appréhender car elles sont réparties sur différentes étapes du projet allant des études préliminaires à la construction et la mise en service.

Il est donc justifié de considérer les barrages comme des *prototypes* qui diffèrent de la plupart des structures ou des produits industriels.

2.2. PHASES DE DÉVELOPPEMENT

Les phases de développement de projets de barrage peuvent être différentes d'un pays à l'autre, spécialement en ce qui concerne la procédure de mise au concours des travaux, le permis de construire et l'attribution de la concession. La façon dont le Propriétaire et/ou l'Investisseur gère le projet des premières études jusqu'à la construction et à la mise en service peut également avoir un impact sur les phases de développement.

Développer un projet de barrage requière normalement plusieurs années, voire des décades, car il s'agit d'identifier la nécessité et de prouver la rentabilité économique d'un aménagement donné, d'en établir le financement et, finalement, de satisfaire aux exigences environnementales.

En partant de l'origine d'un projet de barrage les phases successives de son développement peuvent être décrites comme suit :

- Études préliminaires (projet conceptuel)
- Étude de faisabilité technique/économique
- Projet de détail*

2. DAM DEVELOPMENT PHASES AND ACTORS

2.1. DAM AS A PROTOTYPE

Developing a hydraulic scheme including a dam as the key impounding structure is usually a long and difficult process, because it implies many aspects and often involves compromises between competing interests.

Once the size of a reservoir has been selected according to hydrological conditions and economic considerations the layout and type of a dam will depend essentially upon the topographical and the geological conditions, as well as the availability and supply of building materials. Flood discharge facilities setup during construction and those used later on in the operational phase can also be decisive in selecting the type and layout of a dam. Furthermore, any dam project has to be developed in accordance with its future use (water supply, irrigation, flood control, energy production, etc.) and has to be in agreement with environmental and public safety considerations. This indicates the uniqueness of each dam scheme.

It is thus obvious that design and construction of dams is not a standardized industrial process such as the production of consumer goods or even the manufacturing of cars or planes. The majority of issues at dams are very much site dependent and can be approached only by using general technical principles, state of the art and state of the practice rules. Safety requirements are more difficult to grasp as they are spread across different project stages from the very first studies to the construction stage and commissioning.

It is therefore justified to consider dams as *prototypes* which are different from most other standardized industrial structures or products.

2.2. RELATED DEVELOPMENT PHASES

Development phases of dam projects can differ from a country to another especially regarding the procedures linked to tendering of the works, construction permit and licensing. Also the way a project is being tackled by the Owner and/or the Investor from the first studies to the construction and commissioning phase can have an impact on development phases.

Development of a dam project takes usually several years or even decades as it requires identifying the need for and demonstrating the profitability of a given scheme, setting up the financing and last but not least complying with the environmental requirements.

Starting from the earliest point in the dam life the successive development phases can be summarized as follows:

- Preliminary studies (conceptual design)

- Feasibility study

- Detail design*

- Soumission*

- Construction (projet de construction)

- Mise en service

(*La soumission est normalement basée sur le projet de détail, peut aussi se référer à une réduction de celui-ci, appelée "projet de soumission")

2.2.1. *Études préliminaires*

Un projet de barrage découle normalement d'un besoin exprimé en termes d'approvisionnement en eau industrielle ou potable, d'usage agricole, de protection contre les crues, de production d'énergie ou de plusieurs de ces besoins combinés. D'autres buts comme l'atténuation des crues peuvent être considérés en relation avec les objectifs primaires ou indépendamment de ceux-ci. La construction d'un barrage conduit obligatoirement à un changement du régime hydraulique de la rivière, de la capacité de production agricole le long des cours amont et aval de la rivière et des caractéristiques des crues. Elle influe sur l'habitat humain et la qualité de vie, ainsi que sur le bilan environnemental de la rivière. Au début, les études se concentrent sur des variantes de rétention de l'eau dans un ou plusieurs réservoirs. L'accent est mis sur l'hydrologie de la rivière (ou des rivières) à barrer et la topographie générale de la zone du projet. Les conditions géologiques régionales et locales font l'objet d'un premier examen et les sites potentiels de barrage sont évalués en fonction de leurs caractéristiques géométriques (ou topographiques). Les coûts des barrages sont estimés sur la base de prix globaux et de comparaison avec des aménagements existants. Le même processus s'applique aux galeries d'amenée et aux centrales.

Dans le cadre des *études préliminaires* différentes options pour la taille du réservoir et l'emplacement du barrage sont examinées et comparées. Seule une information géologique générale est normalement disponible dans cette phase. Elle ne permet donc pas de concevoir la disposition du barrage et des ouvrages annexes de manière détaillée. Les coûts de construction et les bénéfices potentiels en termes de productif énergétique ou d'approvisionnement en eau sont évalués de manière grossière, mais consistante et comparable pour les différentes variantes. Une analyse financière préliminaire est généralement faite à ce stade.

Le développement de projets de barrage requière du temps et des investissements à long terme. Ceux-ci sont difficiles à établir et à gérer, largement à cause de conditions économiques et politiques qui changent de nos jours plus rapidement qu'il y a encore quelques décennies. Un exemple typique est le développement d'aménagements de pompage-turbinage en Europe centrale (pays alpins) qui étaient supposés seconder la production de sources d'énergie alternative "verte" (solaire, éolien), lorsque ces sources ne sont pas en mesure de délivrer du courant. Or de très nombreuses sources "vertes" ont été développées avec des subsides gouvernementaux, à tel point qu'actuellement (en 2016) on dispose constamment d'assez d'énergie à bon marché sur le continent européen. Plusieurs projets de pompage-turbinage ont donc été mis dans un tiroir et l'avenir d'aménagement existants ou en construction est devenu incertain.

2.2.2. *Étude de faisabilité*

Lors des *études de faisabilité* pour de nouveaux barrages les investigations doivent être conduites de manière plus détaillée, surtout en ce qui concerne les conditions de fondation, l'approvisionnement en matériaux et les aspects hydrologiques (séries de débits, étude de crues). Il est usuel d'examiner une ou deux variantes de base (parfois davantage) et la disposition du barrage et des ouvrages annexes sont étudiées sur la base des reconnaissances de terrain. Des recommandations sont formulées pour la réalisation d'investigations plus détaillées lors de la phase suivante. La faisabilité technique et économique des variantes sont établies et comparées, et la meilleure variante est proposée pour faire l'objet d'un projet de détail. Cette étude constitue la base sur laquelle le Propriétaire est amené à décider de la poursuite du projet.

- Tendering*

- Construction (construction design)

- Commissioning

(* Tendering is usually based on the detail design, can be also on a reduction thereof called "tender design").

2.2.1. Preliminary studies

Developing a dam scheme usually originates from a primary demand in terms of drinking or industrial water, agricultural use, flood-control, hydropower production, or several of these demands considered together. Further purposes such as flood alleviation are often also considered in conjunction with the -primary purposes or independently from them. It is inevitable that the construction of a dam will result in alteration of the hydraulic regime of the river, the agricultural capacity of the upstream and downstream river reaches, river flood characteristics, human habitat and life quality, and the environmental performance of the river. At an early stage the studies focus on alternatives for water storage in one or several reservoirs. The emphasis is deliberately put on the hydrology of the river (or rivers) to be impounded and the general topography of the project area. Regional and site geological conditions are also considered at this stage and dam sites roughly estimated based on their geometrical (or topographical) characteristics. Dam costs are derived from bulk prices and experience with previous schemes. The same applies to headrace tunnels and powerhouses.

In the *preliminary studies* different options for reservoir size and dam location are envisaged and compared. Only general geological information is usually available at this stage that does not allow to develop the layout of the dam and appurtenant structures in much details. Construction costs and potential benefits in terms of energy production or water supply are estimated in a coarse but comparable way for each alternative. They are then compared to find out the most suitable solution. A preliminary financial analysis to determine the return on investment is usually performed at this stage.

Development of dam projects requires time and long-term investments; they are difficult to establish and to manage in large part because economic and political conditions are changing nowadays faster than it used to be a couple of decades ago. A typical example is the development of pumped storage schemes in Central Europe (Alpine countries) which was supposed to supplement the production of energy from alternative "green" sources (wind, sun) when these sources were not delivering power. "Green sources" have however been developed with governmental subsidies to such an extent that presently (as of 2016) enough cheap energy is always available on the European continent. Design of several pumped storage schemes has been therefore put back in the drawer and the future of existing schemes or schemes under construction is uncertain.

2.2.2. Feasibility Studies

At the *feasibility study* level for new dams more detailed investigations are required especially regarding foundation conditions and hydrological aspects (flood study). Typically, one or two prime alternatives (sometimes more than two) are examined and layout of dam and appurtenant structures is established based on the results of the field investigations. Recommendations are drawn for further investigations at the next stage. The technical and financial feasibility of the best alternative is established at this stage. It forms the basis for a decision of the Owner to go ahead with the project.

2.2.3. Projet de détail

Au début d'un *projet de détail* (parfois appelé *projet de l'ouvrage*) il est d'usage de conduire des reconnaissances de terrain complémentaires afin de clarifier ou d'améliorer certains points techniques. La conception du barrage et des ouvrages annexes est conduite avec un degré de détail suffisant pour obtenir une autorisation de construire, ainsi que toute autre autorisation administrativement requise, et pour pouvoir mettre en soumission les travaux de construction auprès d'entreprises qualifiées. Comme le projet de détail est beaucoup plus complet et détaillé que le projet au niveau de l'étude de faisabilité l'estimation des coûts peut s'en trouver plus élevée et la réalisation du projet peut être compromise. Pour cette raison il est souvent utile d'introduire une pause à la fin de cette phase, afin de ré-évaluer la faisabilité du projet. Afin de ne pas perdre de temps, la procédure conduisant au permis de construire peut-être lancée parallèlement.

2.2.4. Soumission des travaux

Dans la phase de *soumission* ou d'*appel d'offres* la description des travaux doit être suffisamment détaillée sur les plans qualitatif et quantitatif pour permettre aux entreprises intéressées d'élaborer des offres précises et complètes. Il est essentiel que l'adjudicataire ait correctement évalué les contingences logistiques et les problèmes posés par la construction et que l'Ingénieur ait soigneusement examiné tous les aspects de l'offre gagnante en relation avec les hypothèses et les attentes liées à sa propre conception du projet.

2.2.5. Phase de construction

La *phase de construction* est probablement celle qui implique le plus grand nombre d'acteurs pendant toute la vie du barrage, à savoir le Propriétaire/Investisseur, l'Ingénieur/Concepteur, l'Entrepreneur, le(s) Sous-Traitant(s) et Fournisseurs, ainsi que le Régulateur. Un rôle particulièrement important revient à la Direction des Travaux. Celle-ci est normalement constituée de professionnels du Propriétaire/Investisseur et de l'Ingénieur/Concepteur. La Direction des Travaux a pour mission de s'assurer que les dispositions prévues dans les plans de construction de l'Ingénieur/Concepteur sont correctement réalisées par l'Entrepreneur. Elle est aussi amenée à faire des modifications, si les conditions rencontrées sur le chantier sont différentes de celles figurant sur les plans. La gestion de ces ajustements (changes) requière une attention particulière et souvent nécessite un engagement particulier de l'Ingénieur/Concepteur, car des modifications peuvent avoir un impact sur la sécurité et le futur comportement du barrage, sans parler de l'influence sur les coûts et sur le programme des travaux.

2.2.6. Mise en service

La *mise en service* de l'aménagement est précédée par le remplissage initial de la retenue. A cet effet un programme est établi qui inclus le suivi de l'instrumentation et la surveillance des ouvrages. Ce programme est soumis à examen et fait l'objet d'une autorisation formelle. Il doit être développé suffisamment tôt pour planifier correctement et installer les instruments de mesure nécessaires au suivi des paramètres de comportement du barrage tels qu'établis dans le projet.

La fermeture de la dérivation provisoire (tunnel ou canal) est une tâche délicate qui nécessite la mise en place de batardeaux en eau vive pour interrompre l'écoulement. Cette opération doit se faire en période d'étiage (saison sèche). La cote du réservoir est maintenue à différents niveaux en fonction de la hauteur du barrage afin de créer des conditions d'écoulement quasi-permanentes à chaque niveau et de permettre l'observation du barrage dans un état non-transitoire. La partie essentielle de la mise en service est consacrée aux essais et au premier fonctionnement des équipements hydromécaniques et électriques (vannes, pompes, instrumentation, système de contrôle-commande).

2.2.3. Detailed design

At the *detail design* stage complementary field investigations are usually performed to clarify or improve some design issues. Design of the dam and appurtenant structures is carried out with a degree of accuracy that should be sufficient to apply for a building permit and all further administrative authorizations, as well as for tendering the construction works among interested contractors. As the design is significantly more detailed and comprehensive than at the feasibility level the cost estimate might also substantially increase, and the realization of the project could be put at stake. It is therefore not unusual to have a time break at the end of this phase to re-evaluate the project feasibility. In the meantime, application for the building permit can be initiated.

2.2.4. Tendering Stage

At the *tendering stage* description of the works should be sufficiently precise in quality and quantity for allowing well elaborated proposals from prospective contractors. It is essential that the successful tender has properly considered the logistical and constructional issues, and that the Designer has carefully and completely considered all aspects of the successful tender in the context of the design assumptions and expectations.

2.2.5. Phase de construction

The *construction stage* is the phase which involves most probably the largest number of actors during the lifetime of the dam, i.e. Investor/Owner, Designer, Contractor, Subcontractor(s), and Regulatory Agency. A key role is that of construction supervision. It is usually set up of professionals from both the Investor/Owner and the Designer. The construction supervision has to ascertain that the construction drawings prepared by the Designer are correctly implemented by the Contractor, it has also to make adjustments in case of difference between drawings and in situ conditions. The management of these adjustments (changes) requires considerable attention and often requires deep involvement of the Designer as changes in the design may have significant safety and performance implications on top of cost and schedule implications.

2.2.6. Commissioning

Commissioning of the scheme requires a first impounding of the reservoir to be performed. A reservoir fill plan has to be developed (including instrumentation and surveillance), reviewed and authorized before reservoir filling can begin. Preparation of the plan shall be done early enough to properly plan and install necessary instruments to monitor specific features of the dam as determined through the design.

Closure of the diversion facility (tunnel or channel) is a critical task as it requires lowering of bulkheads in flowing water to block the flow. It shall be done therefore during a low flow (dry) season. The reservoir level shall be maintained at several staged levels according to dam height to create permanent seepage conditions and allow for observation of the dam behaviour. The essential part of the commissioning phase is related to testing and first operating of the hydro-mechanical and electrical equipment (gates, valves, pumps, instrumentation, control system, etc.).

2.3. ACTIVITÉS TYPIQUES AU COURS DE CHAQUE PHASE PRÉCÉDANT L'EXPLOITATION

Tout au long des différentes phases d'un projet les activités peuvent être regroupées dans plusieurs catégories. Le **Tableau** 2.1 donne une vue générale d'activités typiques liées à :

• Conception du projet (activités de bureau)

• Activités sur le site

• Aspects économiques

La troisième catégorie peut surprendre. Il cependant établi que les conditions économiques et financières (trop) souvent dictent les choix faits lors de la conception, la mise en soumission, et/ou la construction d'un aménagement et que ces choix finalement affectent la sécurité du barrage et des ouvrages annexes.

Tableau 2.1 Activités typiques lors des différentes phases

Phase	Élaboration du projet	Activités sur le site	Aspects économiques
Idées conceptuelles	Volume de la retenue, choix préliminaire du site	Survol	Besoins et bénéfices
Études préliminaires	Hydrologie, Sélection du site (géologie)	Identification du site	Estimation préliminaire des coûts, comparaison de variantes
Étude de faisabilité	Type de barrage, zones d'emprunt, interprétation de la fondation, programme des travaux	Premiers travaux de reconnaissance (campagne de forage, etc.)	Estimation des coûts, choix de la "meilleure" variante
Projet de détail	Cas de charge, analyse structurale, choix des matériaux	Investigations détaillées du site	Devis détaillé, économie globale du projet
Appel d'offres / Attribution du contrat	Support technique	--	Frais d'approvisionnement, conditions du marché
Construction	Plans de construction	Ouvrages de dérivation, zones d'emprunt des matériaux, retards des travaux, contrôle qualité	Coûts additionnels, flux financier (cash-flow)
Mise en service	Analyse du comportement	Surveillance, Inspections	Coûts additionnels

2.3.   TYPICAL ACTIVITIES AT EACH OF THE PRE-OPERATIONAL PHASES

Over the several project phases activities can be grouped in different categories. The Table 2.1 gives an overview of typical activities linked to

- project design (desk activities)

- site activities

- economic aspects

The third category might be surprising. It is however proven that economical or financial conditions are (too) often dictating the choices made at the design, tendering and/or construction stage and that these choices will ultimately affect the safety of the dam and its appurtenant structures.

Table 2.1 Typical activities for different phases

Phase	Project Design	Site activities	Economical aspects
Conceptual ideas	Reservoir sizing, preliminary site selection	Fly-over	Needs and benefits
Preliminary studies	Hydrology, site selection (geology)	Site reconnaissance	Preliminary cost estimate, comparison of alternatives
Feasibility study	Type of dam, material sources, foundation interpretation, construction scheme	First site investigations (drilling campaign, etc.)	Cost estimate, selection of "best" alternative
Detail design	Load cases, structural analysis, materials	Detailed site investigations	Detail cost estimate, project economics
Tendering / contract awarding	Technical support	--	Procurement costs, market conditions
Construction	Construction (application) drawings	Diversion scheme, material borrow areas, construction delays, quality checks	Additional costs, cash flow
Commissioning	Performance analysis	Surveillance, Inspections	Possible additional costs

2.4. DÉFINITION ET RÔLE DES DIFFÉRENTS ACTEURS

2.4.1. L'Investisseur / Propriétaire

Par définition un Investisseur est un individu ou une société qui engage des fonds sur des produits industriels ou des services dans le but de bénéficier d'un rendement financier ou une autre forme de bénéfice. Le premier objectif d'un Investisseur est de minimiser les risques tout en maximisant le profit. Des individus, des banques, des fonds (institutionnels ou privés), des gouvernements ou d'autres types d'entité peuvent fonctionner comme Investisseur.

Un Propriétaire est une partie (individu ou société) qui possède le droit exclusif de détenir, d'utiliser, de bénéficier de, de transférer et de disposer autrement d'un bien ou d'une propriété. Dans ce sens le Propriétaire a un rôle plus large que l'Investisseur, mais comme les deux termes s'appliquent souvent à la même entité, ils peuvent être utilisés ensemble.

Un Investisseur/Propriétaire est principalement intéressé à obtenir un rendement maximum sur l'investissement consenti par ses partenaires ou actionnaires, tout en répondant aux besoins des parties prenantes qui incluent le grand public (principe général). Par ailleurs l'Investisseur/Propriétaire assume le risque économique à long terme, ce qui est spécialement le cas avec des aménagements hydroélectriques (cas du prix de vente de l'énergie trop faible et de biens non-amortissables), qui peuvent être affectés négativement par la volatilité du marché de l'électricité. Pour la réalisation de son projet le Propriétaire/Investisseur compte sur l'adresse et l'expérience de son ingénieur et les normes et standards applicables (si requis). Dans la phase de construction la qualité des prestations de l'Entrepreneur et des Fournisseurs sera également déterminante pour la mise en œuvre correcte du projet de l'ingénieur.

Le Propriétaire/Investisseur assume la *responsabilité ultime* pour la sécurité du barrage depuis le premier concept jusqu'à la mise en service, puis durant la phase d'exploitation. Il doit établir des règles concernant l'élaboration de rapports par le Concepteur qui traitent explicitement des aspects de sécurité.

Le Propriétaire/Investisseur risque de compromettre la qualité des ouvrages en adoptant un budget trop serré ou un programme des travaux irréaliste (s'applique aux activités de concept et de construction). Le Propriétaire/Investisseur est responsable de l'obtention de nombreuses autorisations (concession, permis environnemental, permis de construction, autorisation d'exploitation, etc.) et de la réponse aux exigences de l'autorité régulatrice. Le Propriétaire doit également se préoccuper de l'utilisation du terrain à l'aval du barrage et s'assurer de l'effet de vidanges ou de déverses extrêmes, s'il y a des habitations ou des activités humaines dans la zone considérée (voir aussi Chap. 4). Finalement le Propriétaire/Investisseur doit communiquer avec le grand public et plus spécialement avec ceux directement concernés (population résidant à l'aval du barrage et sur les rives du réservoir, associations de pêcheurs, etc.).

2.4.2. Le Concepteur

Le Concepteur (Ingénieur) agit durant toutes les phases précédant l'exploitation sur mandat de l'Investisseur/ Propriétaire et est lié à celui-ci par une succession de contrats ou (exceptionnellement) par un contrat à long terme (études initiales, projet préliminaire, projet de détail, documents d'appel d'offres, assistance dans la phase de soumission, direction des travaux, mise en service). À ce titre le Concepteur représente normalement l'Investisseur/ Propriétaire vis-à-vis de tiers en ce qui concerne les matières techniques. Le Concepteur doit appliquer les meilleures connaissances techniques à sa disposition (état de l'art / état de la pratique) et respecter les règlements en vigueur (code de construction, normes, aspects environnementaux, etc.). Il doit s'assurer que tous les aspects techniques et sécuritaires du projet sont correctement interprétés et que l'ensemble du projet répond aux objectifs fixés. Le Concepteur doit faire usage de l'expérience qu'il a acquise sur des mandats similaires tout en identifiant bien les particularités du projet sur lequel il travaille. Autant que possible il doit aussi anticiper les problèmes qu'il sera amené à rencontrer durant les travaux de réhabilitation ou de mise en conformité d'un barrage.

2.4. DEFINITION AND ROLE OF THE DIFFERENT ACTORS

2.4.1. The Investor / Owner

Per definition an Investor is an individual or a corporate entity who commits money to industrial products or services with the expectation of financial and other returns. The primary concern of an Investor is to minimize risk while maximizing returns. Investors can be single persons, banks, funds (institutional or private), governments or other types of entity.

An Owner is a party (individual or corporate entity) that possesses the exclusive right to hold, use, benefit from, transfer and otherwise dispose of an asset or property. In this sense the Owner has a broader role than the Investor, but as both terms often describe the same entity they can be used jointly.

An Investor/Owner is mainly interested in getting a maximal return on investment (RoI) for the partners and/or shareholders, while meeting the needs of the stakeholders who will include the public at large (an overarching principle). On the other side the Investor/Owner bears the long-term economical risk especially in the case of hydropower schemes (case of non-profitable energy retail and of non-amortizable assets) which can be adversely affected by volatility in the electricity market. The Owner/Investor relies on the skill and experience of his engineer and the applicable design codes and standards (if any) to have a state-of-the-art project. In the construction phase the quality of the services provided by the Contractor and the Suppliers will further be decisive in correctly implementing the design of the engineer.

The Owner/Investor bears the *ultimate responsibility* for the safety of the dam from the early design concept to commissioning and later on during the operational phase of the dam. The Owner/Investor has to establish rules for the Designer in terms of reporting including explicitly the safety issues.

The Owner/Investor might compromise the quality of the work by having a too tight budget or a unrealistic time schedule (concerns both design and construction phase). The Owner/Investor is responsible for obtaining the several authorizations (concession, environmental permit, construction permit, operating license, etc.) and satisfying the requirements of the licensing (state) regulatory agency. The Owner shall further consider the land use downstream of the planned dam scheme and ascertain the possible impact of extreme flow releases in case of existing habitations or other human activities (see also Chap. 4). Last but not least the Owner/Investor shall communicate with the public at large and especially with the stakeholders (population living upstream and downstream of the dam, on the reservoir shores, fishermen associations, etc.).

2.4.2. The Designer

The Designer is acting during all phases preceding operation on behalf the Investor/Owner and is bound to the Investor/Owner by several successive contracts or (exceptionally) by a long term contract (initial studies, preliminary design, detail design, tender documents, assistance at tendering phase, construction supervision, commissioning). As such the Designer usually represents the Investor/Owner toward third parties on technical matters. The Designer has to apply the best technical knowledge (state of the art/state of the practice) to respect the regulations (building code, standards, environmental aspects etc.). The Designer has to make sure that all technical and safety aspects of the design are properly interpreted, and that the totality of the design meets the objectives of the project. The Designer shall make use of his previous experience on similar designs while identifying well the particularities of the project he is working on. As far as possible he has also to envisage the possible problems that could be encountered during refurbishment or upgrade works of the dam.

Le Concepteur doit défendre au mieux les intérêts de l'Investisseur/Propriétaire. À ce titre le Concepteur doit rechercher une optimisation de la valeur sur les composantes principales du projet et proposer au Propriétaire les meilleures solutions sur le plan économique et technique. Dans tous les cas les aspects sécuritaires du projet ne doivent pas faire l'objet de compromis.

Les contrats d'études sont normalement basés sur le temps consacré plafonné. Ils peuvent inclure des parties au forfait pour certaines activités standardisées et/ou bien définies. Lorsque le Concepteur n'est pas en mesure d'accomplir ses tâches dans le cadre du budget négocié, il y a un risque que la qualité de ses prestations s'en trouve affectée.

La responsabilité professionnelle du Concepteur peut être limitée au montant de ses honoraires. Cependant la législation en vigueur aux termes du contrat ne le permet souvent pas et, pour cette raison, la couverture d'assurance des bureaux d'ingénieurs en cas d'erreurs avérées de conception doit être modulée en fonction des risques encourus.

2.4.3. Le Panel d'Experts

Pour de grands projets ou des projets présentant des aspects complexes il est conseillé au Propriétaire de nommer un Panel d'Experts pour toute la phase de développement du projet. Le Panel doit formuler des recommandations dès le début du projet de détail, voire même durant l'étude de faisabilité. Durant la phase de construction le Panel doit disposer de l'autorité nécessaire pour garantir vis-à-vis du Propriétaire que toutes les mesures techniques et constructives sont prises pour assurer la sécurité structurale et opérationnelle du projet.

2.4.4. Le Directeur des Travaux

La direction des travaux est généralement assumée par l'Investisseur/Propriétaire, s'il dispose d'une capacité technique suffisante, ou par le Concepteur ou par une combinaison des deux. Le Directeur des Travaux rend compte directement au Propriétaire et informe le Concepteur soit directement, soit à travers le Propriétaire. Le Directeur des Travaux a une influence directe sur la qualité du travail fourni par l'Entrepreneur.

Le Concepteur se doit d'informer la direction des travaux sur les raisons (pourquoi? comment?) des dispositions techniques du projet. Par ailleurs la direction des travaux doit régulièrement communiquer au Concepteur tout problème qui nécessite une modification ou un ajustement du projet. Le Directeur des Travaux est sur le site responsable pour la gestion des changements adoptés. D'importantes modifications doivent être soumises pour approbation à l'Autorité régulatrice et au Panel d'Experts (s'il y en a un). Aucune modification ne peut être réalisée sans l'assentiment de toutes les parties.

Le Directeur des Travaux doit suivre et gérer les travaux de construction dans le cadre de prix contractuels (série de prix) et d'un budget général. Il est responsable de la réception temporaire et définitive des travaux.

Le Directeur des Travaux représente le Propriétaire sur le site et, à ce titre, il doit initier et garder de bonnes relations avec la population et les autorités locales.

2.4.5. L'Entrepreneur

L'Entrepreneur est une personne-clé dans la réalisation d'un barrage, car c'est son organisation qui met à disposition les machines et engins de construction, les matériaux et la main-d'œuvre chargée des travaux.

The Designer has to serve the interests of the Investor/Owner at best. As such the Designer should apply value engineering to the main components of the project and propose to the Owner the economically and technically best solutions. Whatever the case the safety aspects of the design should not be compromised.

Design contracts are usually on a time basis with a financial cap. They can include lump sum parts for some standards and/or well-defined design activities. If the Designer is not able to carry out his tasks within the negotiated budget an attempt might be made to perform sloppy work.

In case of a design mistake the financial liability of the Designer can be contractually limited to the amount of the fees. But this is often not possible due to the prevailing legislation on professional liability and for this reason design firms must keep up liability insurances.

2.4.3. Board of Consultants

For large projects and for smaller dams with complex conditions it is advisable for the Owner to appoint a Board of Consultants for the period of the development. The Board shall provide recommendations as early in the detail design stage, especially at the feasibility level. At the construction stage the Board shall be entrusted with the required authority to guarantee towards the Owner that all appropriate technical and constructional measures have been taken for ensuring the proper operational and structural safety of the project.

2.4.4. Site supervisor

Site supervision is usually provided by the Investor/Owner (if they possess a sufficient technical capacity) or by the Designer or by a combination of both. In any case the Site Supervisor reports directly to the Owner and informs the Designer either directly or through the Owner. The Site Supervisor has a decisive impact on the quality of the work performed by the Contractor.

The Supervisor shall be fully informed by the Designer on "why and how" design solutions have been adopted. On the other hand, the Supervisor shall also regularly inform the Designer of any problem requiring a design change or adjustment and be responsible on site for the management of design changes. Important design modifications shall be submitted to the Regulator and the Board of Consultants (if any) and no changes shall be made until all agree.

The Supervisor has to manage the construction works within given contractual prices (bill of quantities) and an overall budget and is responsible for the temporary and final acceptance of construction works.

The Supervisor represents the Ownership on site and, as such, shall initiate and keep good relationships with the local people and the authorities.

2.4.5. Contractor

The Contractor is a key entity in the realization of a dam project as this organization usually provides the construction machinery, the materials and the workforce in charge of the construction.

Plusieurs formes de contrat peuvent lier l'Entrepreneur à l'Investisseur/Propriétaire. Les types les plus courants sont :

- Contrat de construction (contrat à prix forfaitaire ou à prix unitaires ou une combinaison des deux)

- Contrat de conception-construction (contrat d'entreprise totale)

- Contrat EPC (Ingénierie-Fourniture d'équipements-Construction) ou "clé en main"

- Contrat EPCM (avec gestion de la construction)

Dans le premier cas l'Entrepreneur est tenu de fournir uniquement des prestations de construction, payées sur la base de prix unitaires et de forfaits. C'est la forme la plus usuelle de contrat de travaux. Dans le second cas les prestations d'ingénieur (projet d'exécution) sont inclues dans le lot de l'Entrepreneur, ce qui présente l'avantage pour le Propriétaire de n'avoir qu'un seul interlocuteur pour traiter toutes les matières. Dans le cas des projets de barrage les contrats standard de construction ou les contrats de conception-construction ont fait leur preuve dans la gestion des activités de construction, bien qu'ils ne contiennent que rarement des incitations pour l'Entrepreneur à partager avec le Propriétaire le bénéfice d'une durée des travaux plus courte ou d'une mise en place du béton plus rapide. Il est de règle pour le Propriétaire d'avoir à ses côtés un Concepteur (dénommé Ingénieur du Propriétaire), afin de contrôler et d'approuver les plans soumis par l'Entrepreneur.

Dans le cadre d'un contrat EPC (anglais : *Engineering Procurement Construction*) l'Entrepreneur doit fournir un projet complet pour un budget fixe et dans des délais établis. Immédiatement après la réception des travaux l'exploitation du projet est censée démarrer. Pour cette raison ce type de contrat est aussi appelé contrat "clé en main". Les contrats EPC semblent devenir une tendance générale dans le domaine de la construction internationale. Ils ne sont toutefois pas bien adaptés aux projets de barrage, car de nombreuses incertitudes, telles les conditions effectives de la fondation, doivent être prises en charge par l'Entrepreneur. Ceci conduit la plupart du temps à des disputes avec le Propriétaire et requière des procédures d'arbitrage.

Dans le modèle EPCM l'Entrepreneur ne construit pas lui-même, mais développe le projet et gère la construction sur mandat du Propriétaire. Dans ce cas la main d'œuvre est fournie par un tiers (entreprise de construction ou fournisseur) et des contrats de travaux sont établis entre le Propriétaire et les entités chargées de la construction. La responsabilité de l'Entrepreneur est limitée alors à ses propres services. Ce type de contrat est bien adapté à des ouvrages non-conventionnels ou complexes pour lesquelles plusieurs firmes spécialisées interviennent.

Une autre forme de contrat en usage pour des travaux spéciaux ou dont l'étendue ne peut pas être chiffrée à priori est le contrat à prix coûtant majoré (anglais : *Cost Plus*) dans lequel l'Entrepreneur est payé pour toutes ses dépenses, auxquelles s'ajoute un pourcentage fixe. Dans ce cas le Propriétaire assume tous les risques de dépassement des coûts. Ce type de contrat n'est cependant justifié que lorsque les travaux à réaliser sont non-conventionnels ou doivent être conduits en urgence.

Plusieurs associations professionnelles (FIDI, ICE, ASCE, etc.) ont développé des textes et des formes de contrat, qui se réfèrent aux contrats de base mentionnés précédemment.

De nombreux facteurs peuvent influencer la différence finale entre les prix unitaires et les prix forfaitaires de l'offre et les prix coûtants effectifs. Des prix unitaires trop bas dans l'offre d'une entreprise amèneront celle-ci à bâcler ses prestations et/ou à tenter de renégocier ces prix par la suite en évoquant des difficultés d'exécution non prévues (gestion des réclamations). Indépendamment de la qualité du projet une bonne exécution est essentielle au succès de toute réalisation.

Several forms of contract can be used to bind the Contractor to the Investor/Owner. The most common types are:

- Building contract (either lump sum or unit price contract or combination of both)

- Design-build contract (general contractor agreement)

- EPC (or turnkey) contract

- EPCM contract (with construction management)

In the first case the Contractor is bound to provide only construction services paid on the basis of unit prices and lump sums. This is the most common form of construction contract. In the second case the engineering design is included in the package of the Contractor. This has the advantage for the Owner to handle all matters with a single interlocutor. For dam projects standard construction contracts or design-build contracts have proven to be effective in managing construction activities although they do seldom contain incentives for the Contractor to share with the Owner the benefit of a shorter construction time or of a faster concrete placement. It is usual for the Owner to keep a Designer at his side (so called Owner's Engineer) for checking and approving the construction drawings provided by the Contractor.

Under an EPC (*Engineering Procurement Construction*) contract the Contractor is supposed to deliver a complete project within a fixed budget and a predetermined time schedule. At the scheduled date of delivery, the project shall be ready to go into operation. This is the reason why this type of contract is called turnkey contract. EPC contracts seem to be a general trend in the international construction business. They are however not well adapted to dam projects, as several unknowns, such as the effective foundation conditions, have to be supported by the Contractor. This leads most of the time to disputes with the Owner and can end up with arbitration procedures.

Under the EPCM model the Contractor does no building or construction, rather he develops the design and manages the construction process on the Owner's behalf. In this case the work force has to come from a third party (a construction company or supplier) and work contracts are passed between the Owner and the construction entities. The liability of an EPCM contractor is limited to his own services. This type of contract is well adapted to non-conventional or complex structures where several specialized firms are involved.

Another form of contract which has been used sometimes for special works is the cost-plus contract, where the Contractor is paid for all expenses plus a fix percentage. In this case the Owner is assuming all risks of cost overruns. This type of contract is justified only when the works to be carried out are non-conventional or there is an urgent need to complete the works.

Several professional organizations (FIDIC, ICE, ASCE, etc.) have developed contract books and forms, which include the basic contract types cited above.

Many factors can influence the final difference between the offered unit prices and lump sums and the effective cost prices. Too low unit prices in the proposal of a Contractor will lead to sloppy work and/or to attempts to renegotiate prices later on (claim management). Independently of the design quality good workmanship is essential for a successful construction work.

En général la responsabilité professionnelle de l'Entrepreneur s'étend à tous les défauts d'exécution résultant d'un mauvais travail de ses propres équipes de construction et de celles de ses sous-traitants. Il est tenu de réparer ces défauts à ses propres frais et sans préjudice pour le Propriétaire.

2.4.6. Le Fournisseur

Sous le terme général de Fournisseur on entend toutes les firmes délivrant et installant des équipements hydromécaniques et électromécaniques, des systèmes d'auscultation et de contrôle dans le barrage, dans les ouvrages annexes et, dans le cas des aménagements hydro-électriques, dans le système d'amenée des eaux et la centrale. La livraison et l'installation sont comprises dans le paquet global d'un contrat d'entreprise générale ou dans des contrats individuels passés avec le Propriétaire.

L'installation des équipements doit être coordonnée avec l'Entrepreneur. Des dispositions doivent figurer dans le contrat de l'Entrepreneur pour tout service requis par le Fournisseur, y compris les temps d'attente, et vice versa.

La responsabilité d'un fournisseur est limitée au lot d'équipement tel que commandé. Lorsqu'il y a plusieurs fournisseurs cela peut conduire à des problèmes d'interface, en particulier lors du montage. C'est pourquoi il est usuel de placer une large quantité de fournitures mécaniques et électriques sous la responsabilité d'un seul fournisseur principal.

Après l'installation et les premiers essais des équipements, la mise en service est la phase cruciale pour le Fournisseur, car ses équipements doivent démontrer leur bon fonctionnement dans des conditions réelles d'exploitation (premier essai des équipements hydromécaniques sous charge hydraulique, etc.). Des défauts précoces sur des pièces d'équipement peuvent avoir un impact important sur le programme de mise en exploitation, voire sur la sécurité du barrage dans les premières années d'exploitation.

2.4.7. L'Exploitant local

Sur de nouveaux barrages l'Exploitant local, s'il est connu à l'avance, peut être amené à revoir les dispositions prises par le Concepteur dans le projet de détail en ce qui concerne la facilité d'exploitation et la sécurité des opérations. Plus tard, lors de la mise en service, l'Exploitant local est directement impliqué avec les fournisseurs afin d'être parfaitement au courant des modes d'exploitation des différents équipements.

Dans des projets de réhabilitation lourde les consignes d'exploitation sont souvent modifiées (niveau d'exploitation réduit, augmentation du débit de la vidange de fond, etc.). L'Exploitant local doit suivre excitement les nouvelles consignes et doit s'assurer que la sécurité prévaut sur les objectifs de la production ou sur d'autres buts économiques. Des situations critiques (crue soudaine, obturation des organes de décharge, etc.) doivent être anticipées et des dispositions prises pour éliminer ou (au minimum) réduire leur impact.

2.4.8. L'Autorité concessionnaire

À cause de leur impact important sur l'environnement, les projets de barrage requièrent une procédure très complète d'octroi de concession, qui comporte de multiples aspects. La procédure est conduite par une agence d'état ou, dans certains pays, directement par une unité du Ministère des Ressources en Eau. D'autres entités gouvernementales sont normalement impliquées, tel le Ministère l'Environnement ou celui de l'Energie. L'autorité concessionnaire se trouve au niveau national, mais peut aussi l'être au niveau régional, dans le cas de pays bénéficiant d'une structure décentralisée ou fédérale.

In general, the professional liability of the Contractor extends to all flaws caused by poor workmanship of their own construction team and of their subcontractors and he must be prepared to repair these defaults at their own costs and without loss for the Owner.

2.4.6. Supplier

Under the general term of Supplier, one understand all providers of hydro-mechanical and electro-mechanical equipment, monitoring instrumentation and control system in the dam, the appurtenant structures and in the case of hydropower schemes, the power headrace and the powerhouse. Supply and installation are included in the overall package of a general contractor agreement or in single contracts directly with the Owner.

The installation of equipment is to be coordinated with the Contractor. Provisions shall be made in the Contractor's work contract for any service provided to the Supplier, including waiting time, and vice-versa.

The responsibility of the Supplier is limited to the supply package as awarded. This can lead to interface problems. Therefore, a larger electrical and mechanical package is often delimited under the lead of one (major) supplier.

Following the site installation and the preliminary testing of equipment, the commissioning phase is the crucial period for the Supplier, as its equipment has to prove its proper functioning under real operating conditions (first wet test for the hydro-mechanical parts, etc.). Early defects of pieces of equipment can have a substantial impact on commissioning schedule and safety of a dam in the first years of operation.

2.4.7. On Site Operator

At new dam schemes the future On Site Operator, if already known, can be called in at the detail design phase to review arrangements made by the Designer in terms of ease of operation and operational safety. Later on the On Site Operator will be directly involved at the commissioning phase together with the Suppliers to become fully acquainted with the operating modes of the various equipment.

In case of major rehabilitation projects, the dam operation is usually modified (lower operating level, increased discharge through bottom outlet, etc.). The On Site Operator has to strictly follow the modified operating rules and must make sure that safety prevails over production targets or other economic goals. Critical situations (sudden flood, plugging of discharge openings, etc.) have to be anticipated and provisions established to overcome or (at least) mitigate their impact.

2.4.8. Licensing agency

Dam projects because of their important impact on the environment require a comprehensive licensing process involving many aspects. The licensing process is conducted by a state agency or, in some countries, directly by an entity of the Ministry of Water Resources. Other governmental entities are usually involved, such as the Ministry of Environment or the Ministry of Energy. The Licensing Agency is usually at the National level, but in case of a decentralized (federal) type of structure also at the State or Province level.

La procédure d'octroi de concession dans le domaine des ressources en eau requière une concertation entre autorités nationales et locales pour fixer les modalités de protection et d'amélioration de la qualité de l'eau, des ressources de la pêche, des loisirs publics, de la production d'énergie renouvelable et d'autres intérêts généraux. Une concession dans le domaine des ressources en eau concerne essentiellement l'utilisation de l'eau, mais spécifie aussi les exigences en termes de sécurité. La concession doit donc aussi considérer la zone à l'aval du barrage et inclure des dispositions visant à restreindre l'utilisation du terrain, à cause de dommages potentiels causés par la restitution de débits importants.

2.4.9. Le Régulateur régional/national

Une agence nationale ou régionale (le "Régulateur") a pour tâche d'assurer la surveillance à haut niveau de la sécurité des barrages. Elle publie des règles concernant la conception et l'exploitation des barrages et régulièrement contrôle si le propriétaire respecte les exigences de sécurité. Le Régulateur peut aussi remplir les deux fonctions d'octroi de concession (dans les phases précédant l'exploitation) et de surveillance à haut niveau (dans la phase d'exploitation).

Les agences (locales/nationales) de régulation doivent établir et mettre en application des dispositions légales qui spécifient des inspections périodiques et la rédaction de rapports par des experts qualifiés dans le domaine des barrages. Les exigences concernant la préparation de EPP's et de EAP's pour le barrage doivent aussi figurer dans ces dispositions (voir 3.2.5).

Le Régulateur doit approuver non seulement les nouveaux projets de barrage, mais aussi toute réhabilitation majeure ou travaux importants de modification des ouvrages.

> Des exemples d'agences de régulation dans différents pays se trouvent dans le Bulletin 167 de la CIGB intitulé "Regulation of Dam Safety: An overview of current practice worldwide"

2.4.10. Le Public

Il est nécessaire que le public soit impliqué dès le début du développement d'un projet. Par "public" on entend d'une part les parties prenantes, c'est-à-dire la population résidante autour du réservoir ou à l'aval du barrage) et d'autre part le grand public (consommateur d'énergie, bénéficiaire d'alimentation en eau, etc.). Ces deux groupes doivent être informés de manière différente.

Dès le démarrage d'un projet une opposition peut se développer de la part du public pour différentes raisons (écologie, utilisation de l'eau, sécurité, aspects financiers, etc.). Des militants regroupés autour d'un intérêt particulier risquent de placer un projet de développement des ressources en eau dans le champ de mire de leurs propres vues sur le développement général de la société, ce qui peut aboutir à un blocage complet. L'opposition du public (même contrée factuellement et correctement par le Propriétaire/Investisseur et les Autorités) peut continuer pendant la construction et la mise en service de l'aménagement.

Les gens sont de plus en plus confrontés avec des questions de nature technique dans le cours de leur vie, ainsi qu'avec la fiabilité de composants techniques. On peut donc admettre qu'ils comprennent que toute activité technique comporte un *risque résiduel* (même très faible) et que, de ce fait, un projet de barrage ne peut pas être sécure à 100% pour toutes les conditions possibles, mais que la conception et les mesures d'organisation prises tendent à réduire l'impact négatif de ces conditions.

Basically, the water resources development licensing progress involves consultation between national and local agencies for reaching terms and conditions to protect and enhance water quality, fishery resources, public recreation, renewable energy production and other public interests. A water resources development license concerns essentially the water use but specifies also the safety requirements. In this sense licensing should consider the downstream area of a dam scheme and include provisions, if necessary, for restricted land use because of potential damages in case of large flow releases.

2.4.9. State or National regulatory agency

A State or National regulatory agency is in charge of the high-level oversight surveillance of dam safety. It issues rules concerning the design and the operation of dams and regularly checks whether the Owner meets the safety requirements. The regulatory agency can also fulfil both functions of licensing (in the pre-operational phases) and of high-level oversight surveillance (in the operational phase).

State or National regulatory agencies should establish and enforce legislation that requires periodic inspections and subsequent reporting by qualified dam safety experts. Also, requirements for preparation of EPP's and EAP's for the dam scheme should be included in the legislation (see 3.2.5).

Not only new projects, but also major rehabilitation or modification works have to be approved by the regulatory agency.

Examples of regulatory agencies from different countries can be found in the ICOLD Bulletin 167: "Regulation of Dam Safety: An overview of current practice worldwide

2.4.10. Public

The public shall be involved from the onset of a project development, whereas a distinction shall be made between stakeholders, i.e. the population living around the reservoir or downstream of the dam, and the public at large (power consumer, beneficiary of water supply, etc.). These two groups require different types of communication.

Already at preliminary project stage opposition from the public can arise for different reasons (ecology, water use, safety, financial aspects, etc.). Special interest activists will put a given water resources development project in the light of their views on general society development and this can completely hinder the development. Public opposition (even if factually and correctly countered by the Investor/Owner and the Authorities) can last during construction and until commissioning of the scheme.

People are more and more confronted with technical issues in their personal life and the reliability of technical components. From this point of view it can be assumed that they understand that any technical activity entails a *residual risk* (even very low) and, as such, a dam project cannot be 100% safe for all possible conditions, but that design and organizational measures are being taken to mitigate the negative impact of such conditions.

La population résidant à l'aval d'un barrage doit être informée de l'existence de plans (d'évacuation) d'urgence en cas de perte de contrôle de déversements ou de problèmes concernant l'intégrité structurale du barrage. Des exercices regroupant le personnel d'exploitation, la police, la protection civile locale et/ou des unités d'armée sont organisés à intervalle de temps régulier. Selon les circonstances ces exercices peuvent aussi inclure la participation de la population (voir aussi chap. 3.2.5).

2.5. IMPLICATION DES DIFFÉRENTS ACTEURS DANS LE DÉVELOPPEMENT D'UN PROJET DE BARRAGE

Les différents acteurs sont impliqués à des degrés divers dans le développement d'un projet de barrage (**Tableau 2.2**). Comme le développement du projet peut prendre plusieurs années ou même décades, il est évident que ce sont rarement les mêmes personnes qui restent en charge pendant toute la durée. La connaissance des conditions inhérentes au projet est répartie sur de nombreuses personnes avec des niveaux de savoir en relation avec leur position respective.

Il est aussi normal que certaines activités requièrent un processus "d'aller et retour" avant que les résultats escomptés soient atteints. C'est le cas dans la phase de faisabilité, dans laquelle le projet entier peut être requestionné et remis sur l'ouvrage. Une situation semblable peut se produire lors du projet de détail lorsque des reconnaissances plus détaillées indiquent que la solution issue de l'étude de faisabilité doit être complètement modifiée ou même abandonnée.

Lors de la construction il est souvent nécessaire de procéder à des ajustements du projet de détail pour tenir compte des conditions particulières du site (surface du rocher, limite de la zone de rocher altérée, etc.). Dans certains cas, le redimensionnement de l'aménagement ou un changement du type même de barrage ont été décidés, alors que la construction avait déjà démarré, ce qui a conduit à des situations contractuelles ambiguës.

The public living downstream of dams shall be informed about the existence of emergency (evacuation) plans in case of a loss of control of flows or problems with the structural integrity of the dam. Joint training of dam scheme personnel, police, local civil protection and/or army units shall be organized at regular time interval and should include the public under some circumstances (see also chap. 3.2.5).

2.5. INVOLVEMENT OF THE ACTORS DURING A DAM PROJECT DEVELOPMENT

In the course of a project development the several actors will be involved to a various degree (**Table 2.2**). As the development of the project might take several years or even decades it is obvious that rarely the same persons will be in charge at each function. Knowledge of the conditions related to the project will be spread over numerous people with various levels of knowledge according their respective position.

It is also usual that some activities will require a "back and forth" process until the aimed results are achieved. This is the case at the feasibility stage, where the whole project concept might be re-questioned and set anew. A similar situation might also arise at the detail design phase where more in depth investigation could indicate that the solution issued from the feasibility study has to be modified or even abandoned.

During the construction phase adjustments of the detail design have usually to be performed to take into account the particular site conditions (bedrock level, limit of weathering depth, etc.). In some cases, resizing of the scheme or change of the dam type has been decided when construction had already started leading to ambiguous contract situations.

Tableau 2.2 Phases précédant l'exploitation d'un barrage

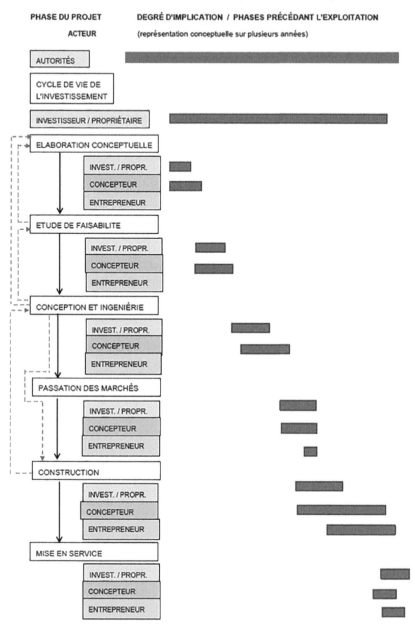

Table 2.2 Pre-Operation Phases of a Dam Development

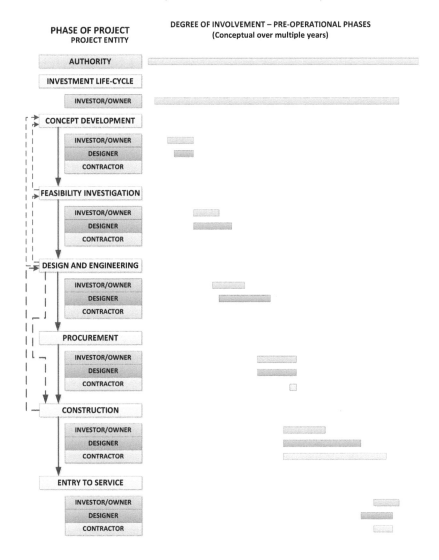

3. PRINCIPAUX ENJEUX

Les risques inhérents au développement d'un projet de barrage (ou d'un nouvel aménagement comportant un barrage) sont de multiple nature. Dans le contexte actuel seuls les risques concernant la sécurité du barrage durant sa durée de vie sont considérés.

Il est important que chaque activité précédant l'exploitation et comportant un risque potentiel pour la sécurité du barrage soit identifiée et classée selon le niveau de risque qu'elle peut induire. Pour chaque acteur la gestion de la sécurité pendant les phases précédant l'exploitation doit se concentrer sur ce point précis. Après avoir identifié les aspects critiques de chaque activité les acteurs doivent être à même de prendre des mesures appropriées pour réduire le risque potentiel à un niveau "acceptable".

3.1. RISQUES ASSOCIÉS À LA CONCEPTION ET LA RÉALISATION DE BARRAGES

3.1.1. Aspects non-techniques

De nombreux facteurs non-techniques peuvent affecter la qualité et la sécurité des ouvrages (IFT Report on Oroville Dam Spillway Incident, 2018). Des lacunes attribuables à des causes non-techniques peuvent être identifiées sur de nombreux projets de barrage. Celles-ci sont souvent plus nombreuses et plus sérieuses que les causes techniques (R. Peck, Casagrande Volume, 1973). Les réflexions consignées dans ce classique de la littérature technique ont été écrites originellement pour des digues en terre et en enrochement, mais elles peuvent aisément être appliquées à tout autre type de barrage. Les lacunes relevées peuvent n'avoir qu'une influence modeste sur les facteurs de sécurité adoptés pour les éléments structurels. Mais dans certains cas elles peuvent conduire à un entretien coûteux, voire à des mesures d'assainissement importantes, si elles ne sont pas détectées à temps et/ou éliminées pendant la construction.

Des facteurs humains ou liés à l'organisation (facteurs non-techniques) sont souvent difficiles à reconnaître, à réduire, voire à éliminer par la gestion de la sécurité du barrage. Alors que des omissions, des malentendus, des erreurs de calcul ou d'autres défauts peuvent être reconnus et corrigés, s'ils sont identifiés suffisamment tôt, il est parfois beaucoup plus difficile de suivre et de rectifier des erreurs causées par une attitude non-coopérative ou franchement hostile chez un Investisseur/Propriétaire ou au sein d'une équipe de projet ou de supervision des travaux.

De plus quand de nombreux acteurs sont impliqués leur responsabilité respective n'est pas toujours bien définie. Il y a un risque de chevauchement, mais aussi de dilution des responsabilités, d'excès de confiance en l'autre ("l'autre gars s'en chargera"). Des malentendus peuvent se produire, en particulier quand le processus de décision n'est pas correctement établi et documenté. Ceci conduit généralement à un manque de continuité et à une perte des connaissances sur des aspects spécifiques du projet.

Quelques facteurs non-techniques

(R. Peck, Casagrande Volume, 1973)

Le Propriétaire irréaliste

- Un Propriétaire cherche raisonnablement à réaliser son aménagement au coût minimum (...) La première estimation des coûts doit se faire à un moment où l'on dispose de peu d'information (...). Un Propriétaire irréaliste a tendance à considérer par la suite l'estimation préliminaire des coûts comme étant "le prix du barrage". Il risque de négliger l'importance de provisions ou même de les ignorer complètement (...). Il tend à considérer toutes les augmentations par rapport à la première estimation des coûts, comme étant de l'argent pris dans sa poche.

---

3.   KEY ISSUES TO BE ADDRESSED

Risks associated with the development of a new dam project (or new dam scheme project) are of multiple nature. Within the present context only risks affecting the safety of the dam during its subsequent lifetime are considered.

It is essential that any critical pre-operational activity in the sense of bearing a potential risk for the safety of the dam being identified and classified according to the level of risk it might induce. For each player involved safety management during the pre-operational phases of the dam lifetime shall focus on this issue. While having identified the critical aspects in any of the activities the players shall take appropriate measures to reduce to an "acceptable" level the potential risks incurred.

3.1.   RISKS INVOLVED IN DESIGN AND CONSTRUCTION OF DAMS

3.1.1. Non-technical aspects

A number of nontechnical factors can affect the quality and the safety of the works (IFT Report on Oroville Dam Spillway Incident, 2018). Nontechnical causes of shortcomings can be found on many dam projects which are more numerous and more serious than the technical causes (R. Peck in Casagrande Volume, 1973). This statement was originally issued for earth and rockfill dams but can easily be extended to other types of dams. The shortcomings may infringe only slightly on the nominal factors of safety assigned to the structures. But in some instances, they may lead to costly maintenance or even large-scale remedial measures, if not properly detected and/or discarded during construction.

Human and organizational (non-technical) factors are not always easy to properly recognize, mitigate or even discard by the dam safety management. Whereas omissions, misunderstandings, computational errors or other defects can be recognized and corrected, when identified early enough, it is sometimes more difficult to track and rectify errors caused by uncooperative or adverse attitudes in an Investor/Owner or in a design or a construction supervision team.

Furthermore, when numerous actors are involved their respective liability is not always clearly defined. There is a risk of overlapping, but also of dilution in responsibility, of overconfidence on each other ("the other guy will do it"). Misunderstandings can happen, especially when decision making is not properly developed and documented. This leads usually to a lack of continuity and loss of knowledge on specific issues.

Some nontechnical factors

(from R. Peck, Casagrande Volume, 1973)

The unrealistic Owner

- Reasonably enough the Owner wishes to obtain his facility at minimum expense. (...) Preliminary (cost) estimates must be made at a time when there is a minimum of information. (...) An unrealistic Owner has a predilection forever after to consider the lowest preliminary estimate as "the cost of the dam". He is likely to discount the importance of the allowance for contingencies or even to ignore it completely. (...) He is likely to regard all increases above the lowest preliminary estimate as money out of his pocket.

- Si le Propriétaire n'a pas prévu suffisamment de temps pour des reconnaissances et une élaboration bien conçue du projet, le produit fini en souffrira inévitablement (…). De nombreux propriétaires considèrent le coût de reconnaissances comme une perte d'argent. Ils ne voient pas le bénéfice tangible qu'apportent le temps et l'argent investis dans des forages et autres investigations sur les matériaux de fondation.

- Une fois que les travaux de construction ont démarré (…) le Propriétaire voit arriver le terme des travaux de plus en plus rapidement et il craint que la construction ne soit achevée à temps. Il cherche à exercer une forte pression pour accélérer les travaux. Dans ce cas il risque d'entraver l'efficacité des inspecteurs chargés de contrôler la qualité de la construction.

Le Concepteur peu sûr

- Le Concepteur peu sûr est celui qui a accepté le mandat à trop bas prix et ne peut consacrer ni le temps, ni l'argent pour des reconnaissances correctes (…). Les conséquences d'un programme insuffisant de reconnaissance persistent et s'accumulent pendant toute la construction et souvent durant toute la vie de l'aménagement.

- (…) Il peut aussi accepter un mandat de conception sans avoir l'autorité concomitante pour la supervision des travaux. (…) Aucun barrage en terre ou en enrochement ne devrait être supervisé pendant sa construction par une entité ou un groupe de gens différent des concepteurs. Si les surveillants des travaux ne connaissent pas intimement les bases du projet, des imprévus dans les conditions locales peuvent conduire à des bévues importantes.

Le Concepteur trop optimiste

- Le Concepteur trop optimiste croit que "ce projet" sera parfaitement normal et que, de ce fait, les provisions pour risques peuvent être réduites (…). Il est confiant que les conditions de la fondation correspondront à la meilleure situation résultant du programme de reconnaissance. Il croit que l'Entrepreneur sera heureux de prendre soin des éventuelles déficiences (et) que l'instrumentation permettra de compenser les lacunes du projet. Il est sûr que le temps sera au minimum normal pendant la durée des travaux.

- (…) Si, contre toute attente, les conditions de fondation présentent des caractéristiques défavorables, ou si la période des travaux est exceptionnellement courte et humide, un délai supplémentaire peut être nécessaire pour terminer les travaux. La pression requise pour achever les travaux à la date prévue peut conduire à une mauvaise qualité d'exécution et un contrôle relâché, au détriment du produit final.

Le Concepteur non expérimenté

- Le Concepteur de barrages en terre ou en enrochement, s'il n'est pas expérimenté dans la construction de telles structures, ne parvient pas à reconnaitre les difficultés inhérentes à certaines opérations et risque d'exiger des conditions irréalistes dans les spécifications.

- (…) Les bénéfices résultant d'une expérience dans la construction sont nombreux, mais ils sont rarement appréciés par les concepteurs, surtout par ceux qui n'ont pas une telle expérience.

L'Inspecteur inefficace

- Les problèmes liés à une supervision inadéquate des travaux ne sont pas propres aux barrages en terre ou en enrochement. L'inspecteur est souvent la personne la moins expérimentée et la plus mal payée sur le projet. La combinaison d'un inspecteur néophyte et d'un entrepreneur qualifié et les conséquences qu'elle peut avoir sur la qualité du produit fini sont bien connues.

- If the Owner has made inadequate allowance for the time required for appropriate and necessary exploration and design, the finished product inevitably suffers. (...) Many Owners regards the cost of exploration as a waste. They see no tangible benefit from the time or money spent in drilling holes and performing other operations in the subsurface materials.

- Once a job is under construction (...) the Owner sees his scheduled completion date approaching more and more rapidly and fears that construction will not be finished on time. He may then exert great pressure to expedite the work. Under these circumstances he may seriously hamper the effectiveness of the inspection forces who are attempting to safeguard the quality of the construction.

The uncertain designer

- The uncertain designer is likely to be one who has taken the job too cheaply. He may find that he cannot afford either the time or the money for adequate investigations. (...) The consequences of an inadequate exploratory program persist and are compounded throughout the construction period and possibly throughout the life of the facility.

- (...) He may also be one who is willing to accept an assignment to design without the concomitant authority for supervision of the construction. (...) No earth or rockfill dam should be supervised during construction by a different organization or group of people from the designers. If the construction supervisory forces are not intimately familiar with the bases for design, unanticipated field conditions may lead to serious blunders.

The overly optimistic designer

- The overly optimistic designer assume that "this project" will be a normal one and therefore that the allowance for the contingencies can be reduced.(...) He assumes that the subsurface conditions will correspond to the best ones compatible with the findings from the exploratory program. (...) He further assumes that the contractor will be happy to take care of the deficiencies (and) that instrumentation will make up for deficiencies in the design. He trusts that the weather will be at least normal during the construction period.

- (...) If the subsurface conditions do involve unexpectedly unfavourable features, or if the working season is unusually short and wet, additional time may be needed to complete the job. The pressure to complete the work on schedule may lead to inferior workmanship under relaxed inspection, to the detriment of the final product.

The designer inexperienced in construction

- The designer of an earth or rockfill dam, if inexperienced in the building of such structures, fails to recognize the inherent difficulties of certain operations and is likely to establish unrealistic requirements in the specifications.

- (...) The benefits of construction experience are legion, but they are rarely appreciated by designers, especially those who lack such experience.

The ineffective inspector

- The problems of inadequate inspection are by no means peculiar to earth and rockfill dams. The inspector is often the least experienced and lowest paid man on the job. The combination of a neophyte inspector and an experienced contractor, and its consequences with respect to the quality of the finished product, are well known.

- (...) Même un inspecteur inexpérimenté parvient à reconnaître qu'un certain procédé de construction ne conduit pas à des résultats conformes aux documents contractuels. S'il adopte une position ferme et si ses supérieurs ne les supportent pas, il en conclura que des infractions aux spécifications ne sont pas graves et tout défaut intervenant par la suite risque de ne pas être rapporté.

- (...) Inspection et supervision sont parfois confiées (..) à une organisation séparée sans lien avec les concepteurs. Cette pratique régulièrement conduit à une qualité moindre du barrage.

L'Entrepreneur à la recherche de failles

- L'Entrepreneur a droit à un bénéfice s'il a soumissionné correctement les travaux et a réalisé ceux-ci à satisfaction. Il n'est pas en droit d'attendre un profit réalisé seulement sur la base de formalités techniques ou de failles dans le contrat des travaux (…). Si un Entrepreneur regarde d'emblée le contrat comme présentant des failles à exploiter, il provoque des antagonismes qui influencent l'atmosphère de tout le mandat. Dans un climat d'antagonisme entre l'Entrepreneur et la Supervision des travaux, la qualité et l'avancement de la construction en souffrent.

L'entrepreneur non qualifié

- Le niveau de qualification de l'entreprise est reflété par son représentant sur le site, le Chef de travaux. Un mauvais chef des travaux est un obstacle insurmontable à la réalisation d'un barrage de haute qualité. Le caractère et les qualifications du Chef des travaux peuvent influencer significativement la nature du produit final (…) Les chefs d'équipe sont aussi importants que le Chef des travaux. Ce sont eux qui possèdent le savoir-faire et dont tous les autres intervenants dépendent pour l'exécution du projet.

La construction de nombreux projets de barrage a été affectée par des facteurs non-techniques et ces barrages ont été achevés malgré ces impondérables. Ils renferment souvent des risques sous-jacents et non-identifiés, qui peuvent affecter plus tard la sécurité de leur exploitation. Quelques exemples classiques sont :

- Une longue interruption des travaux due à des problèmes financiers du Propriétaire ou au retrait de l'Entrepreneur principal;

- L'abandon du site de construction à cause d'une décision politique ou de belligérances et redémarrage des travaux quelques années plus tard, souvent sur la base d'un nouveau projet et avec une autre équipe de construction;

- Retrait ou insolvabilité du sous-traitant principal ou du fournisseur unique d'un équipement spécial.

La décision de changer le mode de construction ou d'exploitation d'un barrage avant la fin des travaux peut aussi induire des risques qui doivent être proprement évalués. Un cas classique est la nécessité de devoir recourir à une autre source de matériaux (matériau de remblai, agrégats à béton, ciment, etc.) durant les travaux à cause d'un épuisement de la zone d'emprunt originale ou d'un changement des conditions de fourniture.

3.1.2. Aspects techniques – Influence majeure des incertitudes

Des risques techniques peuvent se définir comme des risques liés aux incertitudes dans la détermination de charges externes agissant sur la structure ou sur la résistance du barrage lui-même, celle des ouvrages annexes et de leur fondation respective.

- (...) Even the inexperienced inspector may recognize that a certain construction operation does not lead to results that are in accordance with the contract documents. If he takes a strong stand and his superiors fail to support him, he will conclude that violations of the specification are not considered serious, and any defects thereafter are likely to go unreported.
- (...) Inspection and supervision are sometimes delegated (...) to a separate organizational division not associated with the designers. This practice almost always lower the quality of the dam.

The loophole contractor

- The contractor has a right to a profit if he bed the job correctly and carried out the work satisfactorily. He has no right to expect a profit that he realizes solely on the basis of technicalities or loopholes in the contract.(...) If a contractor at the very outset looks at the job from the point of view of finding loopholes to exploit, he sets up antagonisms that influence the tone of the entire job. In a climate of antagonism between contractor and supervisory forces, quality and progress suffer.

The unqualified contractor

- The degree of qualification of the contractor is reflected by his representative on the job, the superintendent. A poor superintendent is an insuperable obstacle to scheduled completion of a dam of high quality. The superintendent's personal characteristics may play a significant role in the nature of the final product. (...) The foremen are just as important as the superintendent. They are the men who must have the intimate know-how and on whom all parties depend for the execution of the work.

The construction of many dam projects has been affected by nontechnical aspects and these dams have been eventually completed under such conditions. They often bear uncontrolled or hidden risks that might affect later on their safe performance in the operational phase. Some classical examples are:

- A long interruption of construction works due to financial problems of the Owner or withdrawal of the main Contractor

- Abandonment of a construction site because of political decisions or belligerences and restart of construction activities years later, often with another design and construction team.

- Withdrawal or insolvency of the key subcontractor or unique supplier of specially designed equipment.

Decisions on changing the construction or the operation mode of the dam before completion of the works can also induce risks which have to be properly assessed. An often-encountered case is the necessity of selecting other material sources (embankment material, concrete aggregates, cement) during the course of works because of scarcity of the original source or change in delivery conditions.

3.1.2. Technical aspects – Major influence of uncertainties

Technical risks can be defined as those risks which are linked to uncertainties in the determination of external loads acting on the structure or of the strength of the dam itself, its appurtenant structures and their foundation.

En appliquant de manière incorrecte des charges dans une analyse de stabilité ou en utilisant des résistances inappropriées (ou des résistances qui n'ont pas été mesurées correctement en laboratoire), on introduira également des risques. De ce fait on peut parler de risques techniques externes (résultant d'actions venant de l'extérieur) et de risques techniques internes (déficience structurelle ou défaut d'exploitation) qui peuvent se produire dans le cadre d'un projet.

A ces deux types de risque on peut ajouter des aspects non-techniques, comme mentionné précédemment.

Le diagramme suivant (**Tableau 3.1**) donne un court aperçu de quelques risques communément rencontrés sur des projets de barrages.

Tableau 3.1 Risques typiques rencontrés dans la conception et la construction de barrages

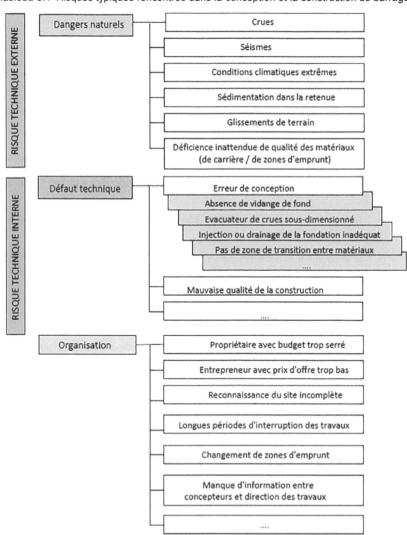

Incorrectly applying the loads in a stability analysis or using incorrect strengths (or strengths not properly determined in the laboratory) will also induce risks. Therefore, one can speak from external technical risks (resulting from external actions) and from internal technical risks (structural or operational deficiency) that arise within the project arrangements.

To these two types of risk one has to add non-technical aspects as already mentioned.

The following diagram (**Table 3.1**) gives a short overview of some common risks encountered at dam projects.

Table 3.1 Typical risks encountered during design and construction of dams

EXTERNAL TECHNICAL RISK	Natural hazards	Floods
		Earthquakes
		Extreme climatic conditions
		Reservoir sedimentation
		Landslides
		Unexpected poor materials from quarries / borrow areas

INTERNAL TECHNICAL RISK	Technical default	Conceptual design error
		Lack of bottom outlet
		Underdimensioned spillway
		Inadequate foundation grouting or drainage
		No transition zone between dam materials
		....
		Poor construction quality
		....

	Organizational	Owner with too tight budget
		Contractor with too low bid prices
		Incomplete site investigation
		Long construction interruptions
		Change of material borrow areas
		Lack of information betw. design and site supervision
		....

L'incertitude accompagne tout le processus du développement des études préliminaires à la phase de construction. Elle concerne non seulement les aspects techniques, mais aussi les données économiques et financières.

La fondation est très souvent l'élément critique de l'ensemble du barrage à cause de son hétérogénéité et de son comportement non prévisible sous l'effet de charges et de pressions d'écoulement. Des travaux de reconnaissance constituent donc un des points essentiels pour la conception d'un barrage. Dans beaucoup de pays les sites les plus favorables d'un point de vue géologique et topographique ont déjà été reconnus et ont fait l'objet d'un aménagement. Le développement de nouveaux sites est souvent problématique et requière un effort d'investigation plus important. La question de savoir jusqu'à quel degré la fondation doit être traitée par injections et/ou par drainage pour en assurer l'étanchéité contient deux aspects différents: l'un est technique (réduction de la sous-pression dans la fondation, mais aussi prévention de l'érosion interne et de la migration du noyau dans la fondation, dans le cas d'une digue en matériau meuble) et l'autre purement économique (quelle quantité d'eau de percolation peut-elle être perdue sans conséquence financière majeure?).

Une autre question importante est celle des conditions hydrologiques. Les statistiques indiquent clairement que lors de crues l'insuffisance des organes d'évacuation compte pour un large pourcentage des submersions et ruptures de barrage. Ceci est spécialement vrai lorsque les conditions hydrologiques ne sont pas bien connues (p.ex. trop courte période d'enregistrements) ou lorsque des valeurs trop faibles de la crue de projet ou de la crue de contrôle ont été choisies par le Concepteur. Il est donc recommandé d'être prudent dans la sélection d'hydrogrammes de crues pour les phases de construction et d'exploitation. En exploitation, l'incertitude regardant les crues extrêmes peut être réduite en ajoutant à l'évacuateur principal un évacuateur auxiliaire, ou de secours, non vanné.

Par ailleurs des incertitudes dans la conception du barrage peuvent conduire à adopter des niveaux de sécurité trop élevés (approche excessivement conservatrice) et d'augmenter inutilement les coûts. De ce fait le Propriétaire et le Concepteur ont un intérêt majeur à évaluer le degré d'incertitude en appliquant aux paramètres du projet des analyses de fiabilité et en cherchant à obtenir des données plus consistantes en augmentant le volume des investigations.

En choisissant un certain niveau de dangers potentiels, on admet que les structures d'un barrage sont conçues de manière à pouvoir s'opposer à ces dangers, mais qu'en même temps un risque résiduel demeure. Le choix des dispositions fonctionnelles d'un barrage présuppose donc la volonté d'assumer ce risque résiduel.

Un concept conservateur permet de couvrir la marge d'incertitude et de s'affranchir de la question du risque résiduel, mais il conduit à des coûts de construction plus élevés pour le Propriétaire, du moment que les structures doivent être dimensionnées avec une plus grande marge de sécurité (p.ex. passes plus larges sur l'évacuateur de crues, talus des remblais plus plats, plus haute teneur en ciment des bétons, etc.). À l'opposé, bien évidemment, un projet trop optimiste et trop élancé peut conduire à un risque résiduel plus grand, voire même trop élevé, et à des coûts ultérieurs rendus nécessaires pour réduire le niveau de risque.

Uncertainty accompanies the whole development process from the preliminary studies to the construction phase. It concerns not only the technical aspects, but also the economic and financial ones.

The foundation is very often the critical element in the whole dam system because of its heterogeneity and of its not always predictable behaviour under loads and seepage forces. Foundation investigation is therefore one of the main issues in dam design. In many countries the most favourable dam sites from a geological and topographical point of view have already been built. New sites to be developed are often more problematic and require an additional investigation effort. The question of how tight the foundation shall be treated by grouting and/or drainage has two different aspects: one technical (reduction of the uplift pressure in the foundation, but also prevention of internal erosion from the core into the foundation at an earthfill dam) and one purely economic (how much seepage water can be released without major financial consequences).

Another important issue are the hydrological conditions. Statistics clearly show that floods, particularly inadequacy of the spillway structure accounts for the largest percentage of dam failures. This is especially true where the hydrological conditions are not sufficiently known (e.g. too short period of records) or too low values for the design and check floods have been considered by the Designer. It is therefore advisable to exert caution in selecting flood values for both the construction and the operation phases. At the operation stage the uncertainty regarding high floods can be covered by complementing the main spillway with an auxiliary or emergency (ungated) spillway facility.

On the other hand, uncertainties in dam design might lead to adopt too high safety levels (conservatism) and to increase costs unnecessarily. It is therefore of utmost interest for the Owner and the Designer to estimate the amount of uncertainty by applying reliability type of analyses to the design data and to try to obtain better or more consistent data by increasing the amount of investigation.

Assuming a given level of potential hazards implies that the dam features shall be designed in such a way that they can accommodate these hazards but at the same time that a residual risk remains. The selection of dam design features will thus imply the willingness of assuming a residual risk.

A conservative design can allow covering the margin of uncertainty and overcoming the problem of residual risk, but it will also entail higher construction costs for the Owner as the structures have to be dimensioned with a larger margin of safety (e.g. wider spillway openings, flatter embankment slopes, higher cement content for concrete dams, etc.). On the opposite a too optimistic or slender design might lead to a higher or even excessively high residual risk and potential future costs for risk reduction.

3.1.3. Besoin de surveillance

La surveillance est un pilier de la sécurité pour les barrages et le système d'auscultation doit être conçu déjà au démarrage du projet. Celui-ci s'applique à toutes les étapes de la vie du barrage : construction, mise en eau et exploitation. Les paramètres à mesurer et les modalités de la surveillance varient durant ces différentes étapes : en général, davantage de paramètres sont mesurés durant la construction et le remplissage de la retenue, à une fréquence également plus élevée. Il est très important d'assurer une continuité des mesures entre la phase de construction et celle d'exploitation. Cela permet de mieux comprendre le comportement du barrage et, en particulier, de s'assurer que ce comportement est conforme aux attentes du projet.

La conception d'un système de mesure - choix des paramètres à mesurer et emplacement des instruments - doit répondre à deux objectifs : comprendre le comportement du barrage, et détecter tout comportement anormal. Pour atteindre le second objectif une analyse des modes de rupture est nécessaire : les capteurs doivent être disposés de telle manière que les signes précurseurs d'un mode de rupture puissent être détectés. L'analyse des modes de rupture est aussi nécessaire pour établir la fréquence des mesures : l'évolution attendue de la rupture est le paramètre principal et la fréquence des mesures doit être établie de telle sorte qu'un événement significatif ne soit pas omis entre deux mesures.

Finalement il ne faut pas oublier qu'un système de surveillance mal conçu peut avoir un impact sur la sécurité du barrage. Un exemple classique est la mise en place de tubes verticaux de tassement dans un noyau en argile, induisant autour du tube une zone mal compactée qui peut être le siège d'une érosion interne. Une collaboration étroite entre le fournisseur des équipements de mesure, l'entrepreneur et le concepteur est donc nécessaire pour prévenir ce type de défaut.

3.2. ETAPES DU DÉVELOPPEMENT ET BESOIN DE RECONNAISSANCES

L'objectif principal des études préliminaires et de faisabilité est d'estimer la taille des frais d'investissement et des bénéfices pour un aménagement donné. Il est reconnu que le niveau de *précision* est relativement bas dans cette phase préliminaire et qu'une grande *incertitude* prévaut en ce qui concerne les conditions au site et dans la retenue, ainsi que pour l'hydrologie, en particulier lorsque les données sur les débits du cours d'eau sont rares.

La *précision* concerne l'exactitude avec laquelle des chiffres de nature technique ou économique sont établis, tandis que l'*incertitude* reflète l'ambiguïté sur l'occurrence ou l'intensité d'un événement naturel ou sur ses caractéristiques physiques. Pour atteindre un certain niveau de confiance dans un projet de barrage (comme pour toute structure élaborée) il est essentiel de procéder à une reconnaissance des conditions régnant au site et dans la cuvette du réservoir. Durant l'élaboration d'un projet l'*incertitude* concernant les paramètres des matériaux et de la fondation, l'importance et la fréquence des crues, etc. tend à diminuer au fur et à mesure que l'effort consacré aux reconnaissances augmente. Et, comme le projet du barrage devient plus détaillé, le niveau de *précision* augmente aussi.

3.1.3. Need for monitoring

Surveillance of a dam is fundamental and therefore the monitoring system must be designed from the start of the project. It concerns all stages of the life of the dam, construction, impoundment and operation. Of course, the phenomena to be measured and the modalities of the monitoring vary during these different phases: in general, more parameters are measured during construction and filling, and at a higher frequency. However, it is extremely important to have a continuity of the measurements between the construction phase and the operation phase. This makes it possible to better understand the behaviour of the dam and in particular to ensure that its behaviour is in line with the expectations of the project.

The design of a monitoring device - determination of phenomenon to be measured and choice of location - must be made to achieve two objectives: understanding of dam behaviour and detection of abnormal behaviour. For achieving this second objective an analysis of failure modes is required: the sensors must then be arranged so as to detect the measurable and precursory signs of a failure mode. Analysis of the failure modes is also required to set the frequency of measurements: the anticipated failure rate is the main parameter so that the readings frequency must be scheduled in such a way that a significant physical occurrence is not missed between two measurements.

Finally, one must keep in mind that a badly designed monitoring system can have an impact on the safety of the dam. A classic example is the presence of a benchmark vertical tube in a clay core which implies that the area around the tube is not well compacted with an ultimate risk of triggering internal erosion. A tight collaboration between monitoring sensors suppliers, contractor and consultant engineer is necessary to anticipate these potential flaws.

3.2. DEVELOPMENT STAGES AND NEED FOR INVESTIGATION

The main purpose of feasibility and preliminary studies is to check the size of investment costs and of benefits for a given scheme. It is expected that the level of *accuracy* is rather low at this preliminary stage and that a large amount of *uncertainty* prevails regarding essentially site and reservoir conditions, as well as hydrology, especially when records of river discharges are scarce.

Accuracy concerns the precision with which figures of technical or economical nature are established, whereas *uncertainty* is the non-determination of occurrence or of magnitude for a given natural event or for physical characteristics. To reach a certain level of confidence in designing a dam (as is the case with any built structure) investigation of the prevailing conditions in the reservoir area or at the dam site is required. As dam design is progressing over the various phases of the project, *uncertainty* regarding material and foundation parameters, flood magnitude and frequency will be reduced as the amount of investigation effort tends to increase. And as the design of the dam becomes more detailed the level of *accuracy* will be also improved.

On pose souvent la question de l'*effort de reconnaissance optimal* requis à chaque phase d'un projet. La réponse générale est que cet effort doit être assez grand pour réduire l'incertitude à un niveau "acceptable". Ce niveau dépendra de la volonté du Concepteur et finalement du Propriétaire d'assumer un risque résiduel. Dans la plupart des pays on tient compte de dangers potentiels pour la population, et des directives et/ou règlements sont établis par un Régulateur (agence régionale ou nationale) afin de réduire ce risque à un niveau généralement accepté.

Les *reconnaissances* doivent être planifiées de manière séquentielle en partant des caractéristiques générales de la fondation d'un barrage (type de roche, discontinuités ou failles majeures, couverture meuble, etc.) et en allant à des détails plus spécifiques, tels que les paramètres géotechniques (modules de déformation, résistance au cisaillement, perméabilité, etc.). L'incertitude sur les caractéristiques du site va diminuer au fur et à mesure que le volume et le détail des reconnaissances augmente, en admettant que le programme d'investigation soit bien ciblé sur les enjeux critiques pour le projet du barrage.

Il faut évidemment tenir compte du fait que les données du site et du laboratoire, même pour un rocher ou un matériau meuble identique, peuvent présenter une dispersion élevée. Généralement les paramètres du projet sont choisis sur la base de l'expérience du Concepteur, de celle du Comité d'Experts et de règlements en vigueur. Différentes techniques sont à disposition pendant la phase de projet, telles que les études paramétriques ou, plus récemment, des approches semi- ou entièrement probabilistes pour évaluer l'influence de la dispersion des valeurs d'essais sur la sécurité structurale d'un barrage (cf. à titre d'exemple le concept AFS - Adjustable Factor of Safety - Kreuzer H. et Léger P., 2013). Ces techniques permettent aussi de déterminer l'effort d'investigation approprié.

La conception du barrage se déroule en créant et comparant des *alternatives*. Celles-ci portent sur le site du barrage, le type de barrage et finalement les ouvrages annexes. Chaque alternative est examinée à priori d'un point de vue des coûts de construction et des dépenses d'exploitation, mais aussi d'autres aspects, comme sa conformité avec la législation environnementale, l'accessibilité, la facilité d'exploitation, etc. Faire usage d'une bonne pratique dès le début de la planification est un pas important vers un barrage bien conçu et sécure sur le plan structural.

Même si elles sont basées sur la même période de retour pour les cas de charge extrêmes et sur des propriétés identiques des matériaux, les alternatives envisagées présentent des niveaux de *risque* différents en fonction de la durée de construction et du mode d'exploitation choisi.

3.2.1. *Phase de projet*

Durant la phase de projet des incertitudes affectent les charges externes agissant sur un barrage (crue, séisme, température, glace), ainsi que les propriétés des matériaux (déformabilité, perméabilité, résistance, etc.) :

- Les charges externes sont décrites par une fonction de probabilité qui relie leur magnitude ou intensité à une période de retour. Leur application peut être prescrite dans la législation nationale sur les barrages ou dans des normes ou directives publiées par le Régulateur (régional / national)

- Les propriétés des matériaux varient d'un site à l'autre et doivent être établies par des reconnaissances. Les propriétés sont le plus souvent basées sur des essais in-situ, des essais en laboratoire et sur l'expérience du Concepteur, qui s'attachera à choisir des valeurs plutôt conservatives comme paramètres de projet. Dans le cas des barrages, les normes ne prescrivent d'ordinaire que des valeurs minimales pour le béton et d'autres matériaux.

The question is often raised of the *optimal investigation effort* required at each project phase. The general answer is that it should be as large as is required to reduce the uncertainty to an "acceptable" level. This level will depend upon the willingness of the Designer and ultimately of the Owner to assume a residual risk. In most countries' consideration is being given to potential hazards to the public and guidelines and/or regulating documents are established by a regulatory authority restricting this risk to some generally agreed level.

Investigation shall be scheduled in sequences going from the general foundation characteristics of a dam site (rock type, major faults, overburden) to more specific details such as geotechnical parameters (deformation moduli, strength, permeability, etc.). Uncertainty about site characteristics will be progressively reduced as more investigation is performed, provided that the investigation is well targeted on the critical issues for the dam project.

Nevertheless, one has to take into account that field and laboratory data, even for the same type of rock or of loose material, can exhibit a substantial amount of scatter. Generally, parameters are selected based on the expertise of the Designer, Board of Consultants and regulations. Several techniques are available at the design stage such as parametric studies or, more recently, semi of fully probabilistic approaches (as an example, see the AFS concept (Adjustable Factor of Safety / *Kreuzer H., Léger P., 2013*) to evaluate the influence of material data scatter on the structural safety of the dam. The later techniques can help also in determining the appropriate effort of investigation to be applied.

Design proceeds usually by drawing up *alternatives*. They encompass the dam site, the dam type and finally the layout of the dam and the appurtenant structures. Each alternative is examined essentially from a point of view of construction costs and operating expenses, but also under other aspects, such as conformity with environmental legislation, accessibility, operating ease, etc. Applying established good practice from the onset of design activities is an important step towards a well-designed and structurally safe dam.

Even when based on the same return period for extreme load cases and on identical material properties, alternatives will present different levels of *risk* related to the construction period and to the subsequent operation of the dam.

3.2.1. Dam Design

At the design stage uncertainties affect the external actions on dams (flood, earthquake, temperature, ice) as well as material properties (deformability, permeability, strength, etc.).

- External actions are described by a probability function that links their size or intensity to a return period. Their application may be described in the national legislation on dams or in standards issued by a regulatory authority.

- Material properties vary from site to site and have to be determined by investigation. Properties are mostly based on in-situ tests, laboratory test results and the expertise of the Designer to select rather conservative parameters for use in the analyses. Standards prescribe only minimum values to be applied for concrete and other materials.

Les différents niveaux de risque résultent de :

- Programme et méthodes de construction

- Type et grandeur du système de dérivation du cours d'eau

- Dispositions pour l'exploitation et la maintenance (p.ex. présence ou non d'une galerie d'inspection)

- Comportement anticipé du barrage à long terme

Parfois des ingénieurs pensent qu'en creusant un tunnel de dérivation et en le transformant plus tard en adduction pour la centrale (cas d'une centrale souterraine à proximité du barrage) ils peuvent générer des économies de coûts substantielles. Mais en le faisant, ils lient les programmes de construction de deux ouvrages et perdent toute flexibilité en ce qui concerne le système de dérivation du cours d'eau. Le risque qui en résulte peut se traduire en retards sur le programme de construction et dépenses additionnelles. Les risques d'avoir une mauvaise exécution sont également à considérer, car la galerie d'amenée (souvent partiellement revêtue) devra être réalisée dans des délais extrêmement courts.

Dans l'élaboration de son projet le Concepteur doit penser aux méthodes de construction qui seront utilisées, car le travail de l'Entrepreneur s'en trouvera facilité par la suite et une telle préoccupation fait partie d'un projet bien conçu. Sont concernés les accès (temporaires et définitifs), les échafaudages en cas d'ouvrages très élevés, le transport et la mise en place de matériaux, l'installation d'appareils d'auscultation, etc. L'Entrepreneur est libre de choisir d'autres moyens de construction, mais ceux-ci devront être approuvés par le Concepteur et le Propriétaire, ainsi que par le Panel d'Experts (s'il y en a un). Il peut être alors nécessaire d'adapter le programme d'inspection du contrôle de la qualité.

La taille de la dérivation de la rivière est dictée par la durée de la période de construction et la période de retour du débit de pointe de la crue admise comme crue de dérivation. Les coûts de la galerie de dérivation peuvent être comparés aux coûts aléatoires d'une reconstruction du batardeau (en cas de débordement) et d'un nettoyage du chantier, y compris le temps perdu sur le programme des travaux. Les risques sont évidemment différents si l'on considère une digue en remblai ou un barrage en béton. Dans beaucoup de pays des règles ont été établies par le Régulateur en ce qui concerne les crues de dérivation pour ces deux types d'ouvrage. Dans un tel cas il y a lieu de se plier à la régulation en vigueur. Le risque de débordement augmente lorsque la période de construction dure plus longtemps. Il n'est pas inhabituel que des problèmes d'ordre financier ou politique conduisent à l'arrêt de la construction pendant des mois, voire des années. Très rarement la capacité de dérivation est adaptée dans un cas pareil et ceci pour des raisons évidentes (coût d'une galerie additionnelle), bien que le niveau de risque soit indiscutablement plus élevé.

La conception et la planification de barrages doit être plutôt défensive et considérer tous les dangers externes majeurs et respecter les conditions requises pour une exploitation harmonieuse et efficace du barrage. La disposition d'une galerie d'injection et de drainage dans la partie inférieure d'un barrage permet, par exemple, de réduire le risque de ne pas pouvoir intervenir en cas de sous-pression élevée ou de percolation trop importante dans la fondation. De même, des accès bien conçus aux équipements hydromécaniques et électriques facilitent leur maintenance et leur opération et peuvent être décisifs en cas de situation critique.

Les barrages sont conçus pour fonctionner durant des décades, voir des siècles. Tout doit être mis en œuvre pour qu'ils se comportent bien durant leur durée de vie. Une injection incomplète de la fondation ou le gonflement du béton causé par une réaction alkali-agrégats peuvent altérer leur comportement à long terme. Ceci peut se produire aussi avec une accumulation de sédiments au pied amont du barrage, de la glace flottante exerçant une pression additionnelle sur le parement du barrage ou des glissements affectant les flancs juste à l'amont du barrage. Le fait de ne pas tenir compte de ces cas de charge va non seulement influencer le comportement du barrage, mais aussi affecter sa sécurité générale.

The different levels of risk will arise from:

- Construction schedule and methods

- Type and size of river diversion

- Operation and maintenance facilities (e.g. existence or not of an inspection gallery)

- Anticipated long term behaviour

Often Designers believe that by driving a tunnel for the river diversion and transforming it later on in headrace for the powerhouse (case of an underground powerhouse close to the dam) they can generate substantial cost savings. By doing this they tie together the construction programs of both structures and lose any flexibility for the river diversion scheme. The resulting risks can result in delayed scheduling and extra expenses for time extension. Risks of poor workmanship are also to be considered as the headrace (often partly lined) will be done under extreme time pressure.

Methods of construction have to be envisaged by the Designer during the detail design stage as this will ease the performance of the Contractor later on and should be considered as part of an optimal design. This concerns accesses (temporary and definitive), scaffolding for high structures, material transport, placement of material, installation of dam instrumentation, etc. The Contractor can choose other means of construction, but this should be approved by the Designer and the Owner, as well as the Board of Consultants (if any). The quality control inspection program may need to be adapted accordingly.

Size of the river diversion is dictated by the duration of the construction period and the return period of the peak discharge considered for the diversion flood. Effective costs of the diversion tunnel can be balanced against the random costs of rebuilding the cofferdam (in case of overtopping) and of cleaning the construction site. Risks are evidently different when considering an embankment dam or a concrete dam. In many countries' rules have been established by the Regulatory Authority concerning diversion floods for these two types of dam. In such a case one has to comply with the specific regulation. Risk of overtopping increases as the construction duration is extended. It is not unusual that because of financial or political problems the construction of a dam is halted for months or even years. Very rarely the capacity of the river diversion is increased in such a case and this for obvious reasons (cost of an additional tunnel), although the level of risk is undoubtedly higher.

Dam design shall be rather defensive and shall consider all major external hazards and requirements for smooth and efficient operation activities later on. Provisions for a grouting and drainage gallery in the lower part of the dam will reduce the risk of not being able to intervene in case of high uplift pressure or excessive seepage in the foundation. Also, appropriate accesses to hydro-mechanical and electrical devices will ease their maintenance and operation and can be decisive in case of emergency situations.

Dams are designed to function for decades and even centuries. Every effort has to be made to have them performing well over their entire lifetime. Insufficient foundation grouting or swelling of concrete caused by alkali-aggregate reaction will affect their long term behaviour. This can be the case also with accumulated sediments at the upstream dam toe, floating ice exerting an additional pressure on the dam face or slides affecting abutments just upstream of the dam. The fact of not taking into account these load cases will not only alter the behaviour of the dam but also impair its overall safety.

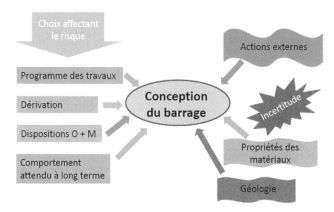

Figure 3.1
Incertitudes et éléments de conception pouvant influencer le risque de rupture du barrage

Les *codes et directives* actuels destinés à garantir la sécurité structurale de bâtiments, ponts, centrales nucléaires et plates-formes offshore contiennent des formulations qui reflètent les incertitudes sur les paramètres de charge et résistance. Ces codes tiennent compte des développements réalisés dans l'analyse de fiabilité et respectent la sensibilisation accrue du public vis-à-vis de l'incertitude et du risque dans un environnement perçu de manière stochastique *(Kreuzer H., 2005)*. Bien que ces codes ne puissent pas être appliqués directement aux barrages, car ceux-ci sont des structures massives qui diffèrent d'autres structures porteuses beaucoup plus élancées, la technique de l'analyse de fiabilité pour les paramètres de charge et de résistance pourrait être appliquée aux barrages également. Une approche comme celle du concept AFS décrite précédemment pourrait être une aide valable en déterminant le degré d'incertitude, puis en cherchant à le réduire autant que possible afin d'obtenir un projet moins conservateur.

L'expérience gagnée ces dernières années sur la modification, la réhabilitation et la rénovation de barrages existants fait ressortir la valeur de projets pour lesquels les attentes sur le plan fonctionnel et opératoire ont été respectées d'emblée et indique aussi comment les effets inévitables du vieillissement peuvent être améliorés. De plus, les progrès de la science et de la technologie, s'ajoutant aux attentes toujours plus grandes de la société, signifient qu'un aménagement de barrage devrait être conçu en considérant une gestion modulable des actifs, ancrée dans la philosophie même du design, pour être certain que l'aménagement demeure une valeur attachée à la société tout au long du cycle de vie du barrage.

3.2.2. Phase de construction

La phase de construction est celle qui implique certainement le plus grand nombre d'acteurs dans le cycle de vie d'un barrage : l'Autorité régulatrice, le Propriétaire, le Concepteur, l'Entrepreneur, la Direction des travaux, l'Entrepreneur et souvent des sous-traitants et des spécialistes individuels. L'interdépendance entre les différents acteurs est décrite et réglée dans plusieurs contrats et clauses contractuelles (voir 2.4). Il est essentiel de garder une bonne vue d'ensemble sur les compétences respectives en termes de qualité d'exécution et de responsabilité vis-à-vis de tiers.

L'enjeu le plus critique durant la construction est la *dérivation de la rivière*. D'habitude l'Entrepreneur assume la responsabilité jusqu'à un certain débit (appelé "crue de dérivation"), alors que le Propriétaire est responsable pour des débits plus élevés. La période de retour choisie pour la crue de dérivation dépend de la durée de la phase de dérivation et de la fiabilité des enregistrements de débits (c.-à-d. la durée et la qualité des séries de mesures). Les conséquences d'un débordement du batardeau pour le chantier et pour la zone à l'aval du barrage doivent également être prises en compte dans le choix de la crue de dérivation.

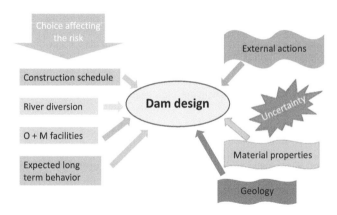

Figure 3.1
Uncertainty on dam environment and design factors susceptible of influencing
the risk of dam failure

Current *codes and guidelines* to ensure the structural safety of buildings, bridges, nuclear power plants and offshore platforms contain formulations reflecting the uncertainties in load and resistance parameters. These codes comply with the advance of reliability analysis and they respect the increasing public consciousness concerning uncertainty and risk as a reality in stochastically experienced environment *(Kreuzer H., 2005)*. Although design codes cannot be applied directly to dams as dams are massive structures different from other (much more slender) load bearing structures the technique of reliability analysis for load and resistance parameters could be used for dams too. An approach such as the AFS concept already mentioned above could be a valuable help in determining the level of uncertainty and trying to reduce it as far as possible in order to obtain a less conservative design.

Experience with modification, rehabilitation and renewal of existing dams gained in recent years points to the value of the designer considering the future functional and operational expectations of the dam scheme and also to consider how inevitable ageing effects can be ameliorated. Further, advances in science and technology together with ever increasing societal expectations means that a dam scheme should be designed with adaptive asset management considerations embodied in the design philosophy to ensure that the dam scheme remains of societal value over the exceptionally long life-cycle of the dam structure.

3.2.2. Construction phase

The construction phase involves certainly the highest number of actors during the dam lifetime as it encompasses the Regulatory Authority, the Owner, the Designer, the Site Supervision, the Contractor and often further Subcontractors and individual firms. The interdependence between the different actors is described and regulated in a number of contracts and contract clauses (see 2.4). It is essential to maintain a good overview of the respective responsibilities in terms of work quality and liability towards third parties.

The main critical issue during construction is the river diversion. Usually the Contractor bears responsibility up to a given flow discharge (called the diversion flood) and the Owner for higher discharges. The return period of the diversion flood should depend upon the duration of the diversion stage and the reliability of the river flow records (i.e. the length and quality of the record series). Also the consequences of an overtopping of the cofferdam for the construction site and for the downstream area should be weighted up while determining the diversion flood.

Lors de l'avance de l'excavation du barrage et des ouvrages annexes des différences importantes par rapport aux conditions anticipées peuvent apparaître. Ces "surprises" sont plus fréquentes quand les reconnaissances du site ont été limitées et/ou qu'une interprétation géologique approfondie fait défaut. La présence d'un tel risque indique clairement la nécessité de procéder à des reconnaissances approfondies de terrain et de laboratoire dans la phase de projet. De telles reconnaissances ne permettent pas d'écarter complètement l'éventualité d'affronter des surprises durant les travaux d'excavation, comme certains cas le démontrent, mais ce risque s'en trouvera nettement réduit.

3.2.3. Direction des travaux

La Direction des travaux est le lien critique entre le Concepteur et l'Entrepreneur, y compris l'ensemble des ouvriers qualifiés qui accomplissent des tâches de construction. La Direction des travaux est normalement assumée par une équipe d'ingénieurs et d'inspecteurs de chantier qui entretiennent une relation étroite avec le Concepteur et l'Entrepreneur. La Direction des travaux peut être confiée au Concepteur (en tant que société, et non pas comme individu en charge du design), ou à une société indépendante spécialisée dans la direction des travaux.

La société indépendante est alors responsable pour le contrôle de la qualité des travaux réalisés. La Direction des travaux établit dans la règle un programme de contrôle et d'assurance de la qualité qui est indépendant du programme similaire préparé par l'Entrepreneur.

La société en charge doit complétement se familiariser avec la philosophie du concept général et du projet de détail des ouvrages, y compris les attentes du Concepteur sur les aspects de constructibilité dans le cadre des travaux.

Durant la phase de construction la Direction des travaux est normalement concentrée sur le suivi de la qualité et l'avancement des travaux, tout en s'assurant que les méthodes d'exécution de l'Entrepreneur correspondent aux hypothèses du design. À la différence de la plupart des autres formes de construction, il est très difficile, voire impossible, dans la construction de barrages d'examiner les parties d'ouvrage construites, car elles sont pour la plupart enfouies dans la fondation ou dans le corps du barrage. Les problèmes générés pendant la construction risquent souvent d'apparaître plus tard dans le projet, par exemple sous forme de fissures se manifestant juste avant la mise en exploitation ou au début de l'exploitation. Dans certains cas, des défauts de construction peuvent même apparaître plusieurs décades après la fin des travaux (p.ex. dans des cas d'érosion interne). L'investigation des problèmes et les travaux correctifs nécessaires sont généralement coûteux et demandent du temps. Ils conduisent à des plaintes, des disputes et engendrent une insatisfaction générale. Même si la présence à elle seule d'ingénieurs sur le site ne permet pas d'exclure l'existence de défauts, une Direction des travaux efficace permet d'avoir un contrôle de la qualité du travail et de la constructibilité.

La Direction des travaux est un moyen très important de contrôle du risque, dans la mesure où la gestion des modifications a lieu à travers le processus même de supervision. Il est essentiel que l'ingénieur principal en charge (appelé parfois l'ingénieur résident) soit correctement préparé et assisté pendant toute la construction par le Propriétaire ou par le Concepteur selon les conditions du contrat passé avec la société en charge de la direction des travaux.

Indépendamment des conditions d'engagement de la Direction des travaux, il faut que le Concepteur informe en détail le(s) ingénieur(s) qui la constitue(nt) des caractéristiques du projet avant le début des travaux. Le Concepteur doit rester à disposition comme conseiller de la Direction des travaux pendant la période de construction. Il est aussi important que le Concepteur accepte que la Direction des travaux soit en mesure d'appliquer ses propres jugements et ait la compétence de prendre rapidement des décisions lorsque des ajustements du projet s'imposent. Réciproquement la Direction des travaux doit bien comprendre les nuances du projet et s'efforcer de les respecter si des ajustements du projet sont nécessaires.

Les tâches essentielles de la Direction des travaux sont :

- Fournir un contrôle indépendant de la qualité

As excavation for the dam and the appurtenant structures is proceeding, significant differences with the anticipated conditions can be encountered. These "surprises" are usually more frequent when the field investigation has been of limited extent and/or a comprehensive geological interpretation has not been performed. The occurrence of such a risk clearly demonstrates the need for performing in-depth field and laboratory investigation at the design stage. Extended field and laboratory investigation does not completely preclude the possibility of encountering surprises during excavation works, as demonstrated by some cases, but it will substantially reduce this risk.

3.2.3. Construction supervision

Construction supervision provides the critical link between the Designer and the Contractor including the skilled workers who perform construction tasks. Construction supervision is normally carried out by a team of engineers and site inspectors who develop strong working relationships with the Designer and with the Contractor. Construction supervision might be carried out by the Designer (the company responsible for the design as opposed to the individual who is responsible for the design), or by an independent Construction Supervision company.

The Construction Supervision Company is responsible for the quality acceptance of the constructed project. Typically, the Construction Supervisor will establish a quality control and assurance program that is independent of the Contractor's quality control and assurance program.

The Construction Supervision Company should be fully familiar with the philosophy of the design and the detailed design, including the Designer's expectations of the constructability aspects of the works.

Site supervision during the construction phase is usually focused on monitoring the quality and progress of the works and ensuring that the contractor's working methods are in line with the design assumptions. Unlike most other forms of construction, in dam construction it is either very difficult or impossible to check the construction works once completed as they are usually buried in the ground or in the body of the dam. Problems with dam construction are likely to come to light at a much later stage in the project, for example in the form of cracking which may only become apparent at later stages of the pre-operational phase or during the early operational phase. In some cases, it may be several decades before construction flaws become apparent (e.g. in some cases of internal erosion). Investigation of problems and the subsequent remedial works are usually expensive and time consuming with resulting in claims, disputes and general dissatisfaction. While the presence of a supervising engineer on site cannot be expected to ensure that all defects are eliminated, proper supervision during construction phase provides a valuable check on workmanship and constructability.

Construction supervision is a very important project risk control measure as the management of changes to the works takes place through the supervision process. It is important that the lead supervising engineer (sometimes called the Resident Engineer) is suitably prepared and supported throughout the construction by the client or by the designer depending on the conditions of engagement of the Construction Supervision company.

Regardless of the terms of engagement of the Construction Supervisor it is important that the designer properly briefs the supervising engineer of the details of the design in advance of the commencement of construction. The Designer should be available to advise the Construction Supervisor during the construction of the works. It is important for the Designer to appreciate that the Construction Supervisor must be in a position to make sensible judgements and to have the capability of taking decisions quickly as needed if deviations from the design are required. At the same time, it is important for the Construction Supervisor to fully understand the nuances of the design and to make every effort to accommodate these factors should deviations from the design be required.

Essential tasks that the Construction Supervisor is typically responsible for include but are not limited to:

- Providing an independent check on quality

- S'assurer de la conformité avec les spécifications techniques

- Garantir que les questions de design soient soulevées et résolues sans tarder

- Administrer le(s) contrat(s) des travaux

- Établir une communication efficace entre le Concepteur et l'Entrepreneur.

La Direction des travaux doit aussi s'assurer que l'Entrepreneur prépare des plans conformes à l'exécution et que ceux-ci reflètent fidèlement toutes les modifications faites durant la construction. Dans certains contrats la préparation des plans conformes à l'exécution est confiée à la Direction des travaux et/ou au Concepteur sur la base des documents fournis par l'Entrepreneur. La Direction des travaux a aussi pour tâche de préparer un rapport détaillé sur la construction. Il est essentiel que les deux types de documents (plans, rapport) soient établis et qu'ils soient conservés en permanence dans la documentation technique du Propriétaire. Il est important de pouvoir disposer plus tard des plans conformes à l'exécution et du dossier de construction pour l'exploitation, la maintenance et les travaux de réhabilitation.

3.2.4. Première mise en eau / Mise en service

L'*hydrologie* constitue d'habitude le risque principal à la première mise en eau, car une montée trop rapide du plan d'eau pourrait affecter la sécurité du barrage. Une montée trop lente, au contraire, retarderait le retour sur investissement. Un équilibre optimal doit être trouvé dans le programme de mise en eau entre les exigences des essais sur les équipements d'exploitation et une limitation dans la vitesse de montée du plan d'eau. Sur de hauts barrages il est de règle d'avoir deux ou trois paliers à niveau constant pour examiner le comportement du barrage et sa fondation à pression hydrostatique et à régime de percolation pratiquement stables.

La fermeture de la dérivation peut impliquer des risques liés à la mise en place de vannes-batardeaux. Lorsqu'une dérivation a été en service assez longtemps, une érosion du seuil à l'entrée de la dérivation risque de se produire et l'espace entre la base des éléments de fermeture et le seuil empêche une fermeture étanche alors que le niveau de la retenue continue à monter.

Le première mise en eau peut aussi déclencher des *glissements de terrain* sur les rives de la retenue. Des glissements sont initiés dans des zones à priori instables lorsque le pied de ces zones devient saturé ou ils se déclenchent au premier rabattement du plan d'eau après remplissage de la retenue, suite à la saturation de masses de terrain apparemment stables. D'autres risques sont liés à la *séismicité induite par la retenue* (cf. Bulletin CIGB 137). Des dispositifs qui sont soumis à leur première épreuve "humide" (vannes, batardeaux, appareils de commande, instrumentation, etc.) peuvent aussi présenter un *fonctionnement défectueux*.

Les premières (le plus souvent : cinq) années d'exploitation sont relativement critiques et plusieurs barrages (petits et grands) ont présenté des problèmes conduisant dans certains cas à des défaillances importantes du barrage et/ou d'un ouvrage annexe. La plupart de ces cas ont été initiés par un traitement inapproprié de la fondation (absence de drainage, injections inefficaces, etc.) ou, dans le cas de digues en terre, par un mauvais contact entre le matériau de remblai et l'ouvrage annexe en béton.

3.2.5. Documentation d'exploitation

Il est essentiel de mettre sur pied une documentation pour l'exploitation avant de démarrer la mise en service d'un aménagement. Ces documents doivent être établis en accord avec les exigences du Régulateur et consistent en trois types de manuels :

- Manuel d'exploitation, de maintenance et surveillance *(abrév. anglaise : OMS)*

- Plan des préparatifs en cas d'urgence *(EPP)*

- Plan d'action en cas d'urgence *(EAP)*

- Ensuring compliance with technical requirements

- Ensuring that design-related issues are raised and promptly resolved

- Contract administration

- Providing an effective communication link between the Designer and the Contractor

The Construction Supervisor shall also ascertain that the Contractor is establishing as built drawings and that they correctly reflect all changes occurred during construction. In some contracts preparation of as built drawings is a task assigned to the Construction Supervisor and/or the Designer based on the documentation provided by the Contractor. A complete construction report has also to be prepared by the Site Supervisor. The essential point is that both sets of documents become established and that they are kept permanently in the documentation of the Owner. As built drawings and construction records shall serve as reference for subsequent operation, maintenance and rehabilitation works.

3.2.4. First impounding / Commissioning

Hydrology is usually the major risk at first impounding as a too fast rise of the water level might impair the safety of the dam. A too slow rise on the contrary will lead to delayed returns on investment. An optimum balance has to be found in the *impounding program* between the testing requirements for the operations equipment and some limited rising speed of the reservoir level. It is usual on high dams to have two or more stages at constant reservoir level to check the behaviour of the dam under nearly permanent pressure and seepage conditions.

Closure of the diversion may involve some risks related to the installation of the bulkheads. When a diversion has been under operation for a longer time erosion of the sill at the entrance of the diversion structure is not uncommon and the remaining gap between the lowest edge of the bulkheads and the sill hinders a watertight closure while the reservoir level continues to rise.

First impounding can also initiate *landslides* at the reservoir banks. Landslides will start during impounding if there are pre-existing unstable zones and the toe of these zones become saturated, or they may be deferred to the first drawdown following impounding because of the saturation of the apparently stable slopes. Further risks involve *reservoir induced seismicity* (ICOLD Bulletin 137). Also, devices which get their first "wet" test (gates, stoplogs, control devices, instrumentation, etc.) can exhibit a *defective functioning*.

The first (usually five) years of operation following commissioning are somehow critical and a number of dams (small and large) have exhibited problems leading in some cases to failure affecting the dam and/or one of the appurtenant structures. Most of these failures were induced by an inappropriate treatment of the foundation (lack of drainage, ineffective grouting, etc.) or, in case of earth dams, by a poor contact between fill material and an adjacent concrete structure.

3.2.5. Operational documentation

Setting up operational documentation is an important requirement before starting operation of a dam scheme. It has to be established in agreement with requirements from the Regulatory Agency and shall essentially encompass three types of documents:

- Operating, Maintenance and Surveillance (OMS) Manual

- Emergency Preparedness Plan (EPP)

- Emergency Action Plan (EAP)

Le manuel OMS décrit les procédures pour exploiter, surveiller le fonctionnement et entretenir l'aménagement, de telle manière que son exploitation soit en accord avec le design, qu'il réponde aux exigences sur le plan régulatoire et corporatif et qu'il tienne compte de la planification en cas d'urgence. L'OMS doit aussi définir et décrire les rôles et les responsabilités du personnel de l'aménagement, ainsi que les procédures et opérations dans le cas de la gestion des modifications.

Le *Plan des préparatifs en cas d'urgence* est un document global qui traite des dispositions prises par la protection civile à l'aval pour atténuer les effets d'une rupture du barrage, ainsi que les modalités réglant l'interface entre les responsabilités du Propriétaire et celles des autorités civiles. Le Propriétaire doit prendre toute mesure pour informer les résidents à l'aval d'une crue de submersion imminente ou d'un autre rejet d'eau important, des caractéristiques et des temps d'arrivée de la crue à différents emplacements à l'aval, ainsi que de l'énergie hydraulique probable (profondeur x vitesse). Le *Plan des préparatifs en cas d'urgence* peut être initié par les autorités, soit sur conseil du Propriétaire, soit sur la base de leur propre appréciation de la situation (la terminologie utilisée pour cette activité peut différer d'un pays à l'autre selon la législation en vigueur).

Le *Plan d'action en cas d'urgence*, appelé parfois *Plan de réponse en cas d'urgence*, consiste normalement en une série de dispositions prises par le Propriétaire tendant à définir les actions requises en cas d'incidents et celles destinées à prévenir des défaillances. Dans le cas où le plan d'intervention comporte des rejets d'eau par l'évacuateur de crues, le *Plan d'action en cas d'urgence* doit prévoir l'information des autorités de protection civile à l'aval du barrage de l'arrivée de hauts débits et du déclenchement possible des préparatifs en cas d'urgence.

OMS et EAP doivent être soumis dans la règle au Régulateur (agence nationale ou régionale) au début des travaux, exceptionnellement avant la première mise en eau du barrage. La préparation des documents relève de la responsabilité du Propriétaire avec d'importantes contributions de la part du Concepteur et des fournisseurs de l'hydromécanique et de l'électromécanique (essentiellement pour les vannes de l'évacuateur de crues et de la vidange de fond).

La formation du personnel destiné à l'exploitation d'un nouveau barrage doit se dérouler suffisamment à l'avance et des situations critiques doivent être simulées afin de tester et d'améliorer les réactions du personnel. La formation et le développement des compétences du personnel d'exploitation doivent être clairement définis (unités de formation, fréquence, tests, etc.) et intégrés dans le manuel OMS.

3.3. TRAVAUX DE RÉHABILITATION ET AMÉLIORATION DE LA PERFORMANCE

Afin de s'adapter à tous les types de changements intervenus depuis la première mise en service et d'augmenter la capacité du projet initial (p.ex. élévation du plan d'eau pour augmenter la capacité du réservoir) la réhabilitation de barrages est devenue de plus en plus fréquente, en particulier dans les économies développées où la plupart des barrages ont atteint les cinquante ans d'âge et ont dépassé leur période d'évaluation sur le plan économique. L'augmentation de la capacité originale pourrait devenir plus courante à cause du changement climatique, soit pour permettre un traitement plus sûr de la crue de projet revue à la hausse, soit pour améliorer de façon générale la capacité de la retenue. Ces projets peuvent être exceptionnellement exigeants et, vu qu'ils doivent être réalisés pendant l'exploitation du barrage, ils requièrent un grand soin dans leur conception et leur réalisation. Au contraire des nouveaux projets de barrage dont les incertitudes se trouvent réduites au fur et à mesure de la construction, les projets de réhabilitation et d'amélioration peuvent présenter des incertitudes importantes qui restent non résolues pendant toute la durée du projet.

En plus des enjeux techniques, la réhabilitation et, souvent aussi, l'amélioration de performance comportent des défis sur le plan de la gestion, lorsqu'il s'agit de déterminer le degré d'urgence de la réhabilitation ou de l'amélioration, le financement des travaux, la gestion de la sécurité des travaux et du public, ainsi que de fixer l'ampleur de l'abaissement possible de la cote de la retenue.

The OMS manual shall describe the procedures to operate, monitor the performance of, and maintain the facility to ensure that it functions in accordance with its design, meets regulatory and corporate policy obligations and links to emergency planning and response. It should further define and describe the roles and responsibilities of personnel assigned to the facility as well as the procedures and processes for managing changes.

The *Emergency Preparedness Plan* is an overarching document that deals with the arrangements made by the downstream civil protection authorities to mitigate the consequences of dam failure and the arrangements at the interface between the Owner's responsibilities and those of the civil protection authorities. The Owner will be required to establish arrangements to inform the downstream responders of an impending dam breach flood or other large release, the characteristics of the outflow flood, the flood arrival time at various locations downstream, and the expected forcefulness of the flood waters (depth x velocity). The Emergency Preparedness Plan may be initiated by the authorities, either on the advice of the Owner or based on their own assessment of the situation (The actual terminology used for this activity might be different between countries depending on the prevailing legislation).

The *Emergency Action Plan,* sometimes referred to as *Emergency Response Plan* is typically a set of arrangements developed by the Owner with the purpose of defining the actions that the Owner will implement to respond to incidents and to prevent failures. In cases where the intervention plan includes emergency releases through the spillway, the Emergency Action Plan will include notification of the downstream civil protection authorities of an impending high outflow flow, and possible activation of the Emergency Preparedness Plan.

Both OMS and EAP have normally to be prepared and submitted to the Regulatory Agency at the start of the construction works, exceptionally before first impounding of the dam. Preparation of the documents is under the responsibility of the Owner with major contributions from the Designer and from the hydro-mechanical and electromechanical suppliers (essentially for the spillway and outlet gates).

Training personnel for the operation of the new dam scheme shall be done sufficiently in advance and critical situations shall be simulated to test and improve reactions of the personnel. Capacity building and capacity development of the operating personnel has to be clearly defined (training units, frequency, tests, etc.) and integrated in the OMS Manual.

3.3. REHABILITATION WORKS AND PERFORMANCE ENHANCEMENTS

Rehabilitation of dams to account for all manner of changes since construction as well as projects to enhance the original design capacity (e.g. reservoir raising to increase storage capacity) are increasingly common especially in the developed economies where most dams are now over fifty years of age and have exceeded their economic evaluation period. Enhancement of original capacity could become more common in response to climate change either to permit safe handling of increased design floods or to improve the storage capacity. These projects can be exceptionally challenging and since they are carried out while the dam remains operational, great care is required in their design and execution. Unlike the design of a new dam where uncertainties become reduced as the construction proceeds, there may be significant uncertainties in rehabilitation and enhancement projects that remain unresolved throughout the project.

In addition to technical challenges, rehabilitation and in many cases performance enhancements bring management challenges associated with determining the degree of urgency of the rehabilitation or enhancement, financing the works, and safety management of the works and the public, including determination of the extent of any reservoir drawdown. As is the case for new dams, careful planning and quality engineering are pre-requisites for the success of such projects.

3.3.1. Introduction

Les barrages et leurs ouvrages annexes nécessitent une réhabilitation lorsque :

- Leur fonctionnement sur le plan structural ou sur celui de l'exploitation n'est plus garanti, tel que conçu primitivement, et doit être rétabli (cas de la *capacité rétablie*). Ceci inclut les erreurs ou les omissions dans le projet original, les déviations du projet durant la construction pour tenir compte de conditions imprévues qui ne se présentent pas comme d'ordinaire, et déviations dans le projet même causées par des pressions exercées sur le programme des travaux ou sur le budget durant la construction. Ceci inclut également la détérioration d'éléments fonctionnels comme les matériaux du barrage et de la fondation, (p.ex. gonflement du béton dû à la réaction alkali-agrégats) ainsi que les drains, la corrosion ou la perte de tension d'ancrages, la dégradation chimique, etc. Une maintenance différée peut causer une détérioration qui finalement nécessite une réhabilitation,

- De nouvelles exigences en termes de volume de la retenue, capacité d'évacuation des crues, capacité de la vidange de fond, etc. sont publiées. De telles modifications dans la demande fonctionnelle sont souvent requises par des augmentations du développement à l'aval et les conséquences d'une rupture du barrage qui lui sont associées, changements dans les exigences environnementales à l'amont et à l'aval et dans le mode de production (cycle de production énergétique ou régime d'irrigation), ou

- Des perfectionnements dans la technique ou la science de base sont imposés au barrage et peuvent conduire à des exigences portant sur l'amélioration et/ou l'augmentation de la fonctionnalité structurale ou hydraulique du barrage (cas de la *capacité augmentée*). Parmi de tels perfectionnements on peut citer une meilleure connaissance de la séismicité et/ou de l'analyse structurale dynamique, des modifications dans la façon de calculer les crues de projet, un progrès dans la compréhension du comportement des barrages et des causes possibles de défaillances, voire de rupture, qui peuvent être éliminées par des améliorations physiques apportées au système même du barrage.

De nombreux défauts, causés généralement par le vieillissement et l'usure normale de l'exploitation, peuvent être traités et éliminés par une maintenance régulière. Certaines parties de barrages ou de leurs composantes ne sont cependant pas directement accessibles (p.ex. filtres des digues en remblai, ancrages noyés dans les barrages en béton, etc.) et ces cas sont particulièrement difficiles à traiter. Exceptionnellement une réhabilitation peut être nécessaire après le premier remplissage, si l'on constate que le barrage ne se comporte pas comme prévu. Dans ce cas, la capacité de l'aménagement est juste maintenue, afin de prévenir une perte significative d'aptitude ou de capacité (cas de la *capacité maintenue*). Une réhabilitation conduisant à un rétablissement de la capacité originale implique des enjeux plus sérieux et plus importants. Il est alors nécessaire de développer un projet entièrement nouveau qui vient se greffer sur un barrage en exploitation.

Une réhabilitation concerne normalement le corps du barrage, sa fondation et les ouvrages annexes (évacuateur de crues, vidange de fond, prises d'eau, vannes et conduites forcées). La retenue peut être aussi concernée, si la quantité de sédiments déposés limite le volume utile et que la purge ou le dragage de sédiments devient nécessaire.

La partie supérieure de "l'arbre de défaillance" présenté dans le Bulletin CIGB 154 donne un point de départ pour identifier les insuffisances possibles dans le comportement d'un barrage (Fig. 3.2). Cet "arbre de défaillance", en conjonction avec "l'analyse des modes et effets de défaillances" et une analyse du type "nœud papillon", permet d'identifier les fonctions qui doivent être considérées pour une remise en état. Un "arbre de défaillance" (Bulletin CIGB 130), couplé avec une "analyse des modes et effets de défaillances", permet une approche descendante et ascendante dans la détermination de ce qui peut aller de travers et de pourquoi les choses peuvent mal tourner, y compris l'identification initiale des interdépendances entre mode de rupture et mécanismes de rupture.

3.3.1. Introduction

Dams and their appurtenant structures require rehabilitation when:

- their structural or operational function is no longer guaranteed as originally designed and has to be restored (case of restoring capacity). This includes errors or omissions in the original design, deviations from the design during construction to account for unforeseen conditions that are not functioning as expected, and deviations from the design due to pressures of schedule and or budget during construction. It also includes deterioration of functional elements such as dam and foundation constitutive materials (e.g. concrete swelling) drains, corrosion or loss of tension of anchors, chemically induced deterioration, etc. Deferred maintenance can cause deterioration that ultimately requires rehabilitation.

- new requirements in terms of reservoir volume, flood discharge capacity, bottom outlet discharge, etc. are issued. Such changes in functional demand are often necessitated by increases in the extent of development downstream and the associated consequences of dam failure, changes in the upstream or downstream environmental demand and changes in the production (power generation cycle or irrigation regime), or

- changes in the underlying science become imposed on the dam and can result in requirements to improve and increase its structural or hydraulic functionality (case of increasing capacity). Such changes include improved understanding of seismicity and or seismic performance analysis, changes in the way design floods are calculated, advances in the understanding of the behaviour of dams, and advances in understanding of organisational failure causes that can be addressed through physical improvements to the dam system.

Many defects, usually caused by ageing and operational wear and tear, can be treated and eliminated during normal maintenance. There are parts of dams or their components that cannot be maintained (e.g. filters in earth dams, embedded anchors in concrete dams, etc.) and such issues can be exceptionally difficult to address. Occasionally, rehabilitation may be required early in the life-cycle including after first filling if the dam is found not to be performing as intended. In this case the capacity of the scheme is just maintained (case of maintaining capacity before there will be any significant loss of capability or capacity). Rehabilitation involving restoration of the original capacity concerns more serious and extended issues. It requires development of a new project to be integrated in an existing operating dam structure.

Rehabilitation usually concerns the dam body, its foundation, and the appurtenant structures (spillway, bottom outlet, power or water supply intake, gates, and penstocks). The reservoir might be involved when the quantity of sediments accumulated impair the live volume with purging or dredging of the sediments being required.

The upper part of the generalized "Fault Tree" as presented in ICOLD Bulletin 154 provides a starting point to identify possible inadequacies in performance (Fig. 3.2). This "Fault Tree" when coupled with "Failure Modes and Effects Analysis" and "Bow-Tie" analysis provides a useful means of identifying functions that should be considered for remediation. Fault Tree Analysis (ICOLD Bulletin 130) when coupled with Failure Modes and Effects Analysis provides a "top-down" – "bottom-up" approach to determining what can go wrong and why things might go wrong, including the initial identification of interdependencies between failure modes and failure mechanisms.

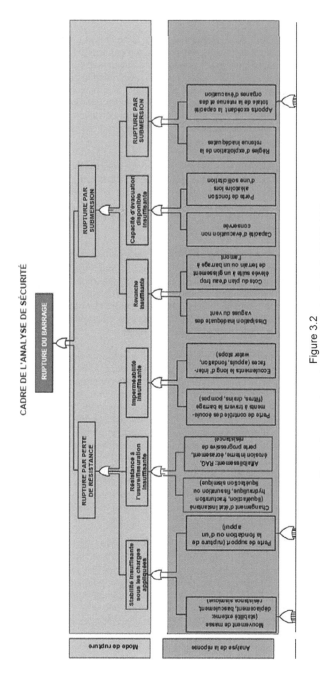

Figure 3.2
Cadre d'une analyse de sécurité (selon bulletin CIGB 154)

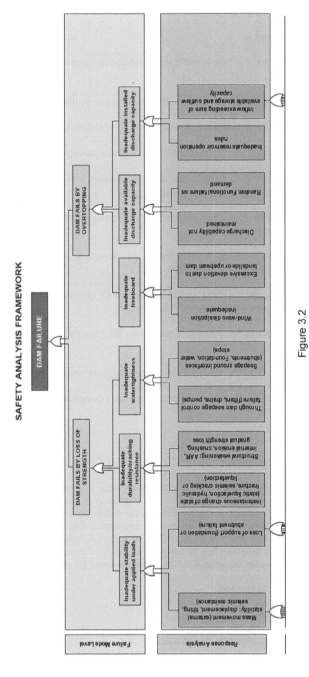

Figure 3.2
Safety Analysis Framework (from ICOLD Bulletin 154)

Ce type d'analyse, lorsqu'elle est combinée avec des inspections, peut aider l'ingénieur à déterminer si des mesures correctives sont nécessaires.

- *Capacité rétablie*

Les causes possibles d'origine structurale ou opérative nécessitant une réhabilitation sont nombreuses (Fig. 3.2) :

- – Tassement excessif d'une digue en remblai (perte partielle de la revanche)

- – Sous-pression trop grande sous un barrage (poids) en béton

- – Percolation trop importante à travers ou sous un barrage

- – Perte de résistance dans la fondation conduisant à des tassements différentiels et des fissures dans le corps du barrage

- – Réaction alkali-agrégats (AAR) dans des barrages en béton ou des ouvrages annexes (p.ex. évacuateur de crues)

- – Blocage de vannes sur un évacuateur de crues, une vidange de fond ou une prise d'eau (éventuellement dû à l'AAR)

- – Perte de la capacité d'évacuation causée par un obstacle (sédiments, glissement de terrain) à l'entrée d'un ouvrage d'évacuation

- – damage to the spillway structure due to rock falls, freeze-thaw effects and deterioration of waterstops and joints

- – Érosion interne dans les digues en remblai et leurs fondations

- – Rétablissement de drains et installation de nouveaux drains pour remplacer les éléments détériorés

- – …

- *Capacité augmentée*

Dans ce cas des modifications sont nécessaires pour amener le barrage à un nouveau niveau de sécurité ou à de nouvelles exigences sur la performance dictée par l'Autorité régulatrice. Ces modifications peuvent également résulter d'une optimisation de l'exploitation du barrage par le Propriétaire lui-même. Des avances scientifiques, des améliorations dans les exigences de sécurité ou des impératifs économiques peuvent aussi contribuer à ces changements. Des exigences de ce type impliquent des modifications aux "Exigences-clés en matière de capacité" et aux "Exigences en matière de capacité" décrits plus loin sous 4.4. Ces projets peuvent conduire à une augmentation de :

- – La hauteur du barrage

- – La capacité d'évacuation

- – La résistance physique du barrage

- – La tenue de la fondation

- – La configuration et le type des organes de décharge peuvent s'en trouver également affectés (y compris l'installation d'une vidange de fond)

This type of analysis when combined with inspections together can guide the engineer in determining the need for remedial measures.

- *Restoring capacity*

The structural or operational causes requiring rehabilitation can be multiple (Fig. 3.2)

- excessive settlement of an embankment dam (partial loss of freeboard)

- excessive uplift under a concrete (gravity) dam

- excessive seepage through or under a dam

- loss of strength in the foundation causing differential settlements and cracks in dam body

- alkali aggregate reaction (AAR) at concrete dams or structures (e.g. spillway)

- gate jamming at spillway, bottom outlet or intake (can be caused by AAR)

- loss of discharge capacity due to obstacle (sediments, landslide) at the entrance of outlet

- damage to the spillway structure due to rock falls, freeze-thaw effects and deterioration of waterstops and joints

- internal erosion in earthfill dams and their foundations

- drain restoration and installation of new drains to replace degraded drains

- ...

- *Increasing performance capacity*

In this case changes are required to bring the dam to a new safety standard or new performance demand dictated by the Supervising or Licensing Authority or changes that result from an optimisation of the scheme operation by the Owner. Changes will also result from, advances in science, changes in safety requirements or because of economic considerations. Requirements of this nature involve changes to the "Key Capability Requirements" and Capability Requirements" described in 4.4 below. These projects can involve increasing:

- the height of the dam

- the discharge capacity

- the physical strength of the dam

- the performance of the foundation

- the configuration and type of discharge facilities including the installation of a low-level outlet

Les règles générales pour la conception d'un nouvel aménagement s'appliquent aussi à l'amélioration de la performance d'un aménagement existant. Un projet de réhabilitation est censé se conformer aux règles générales d'un nouvel aménagement et nécessite également un système spécifique de gestion avec une planification détaillée des travaux et une affectation des ressources pour s'assurer que les capacités existantes de la partie non restaurée sont bien adaptées à celles de la partie réhabilitée.

En ce qui concerne les conditions sur le site, il faut distinguer entre les travaux requis sur un ouvrage hydraulique qui sont essentiels pour l'évacuation de l'eau de la retenue et les travaux sur le corps du barrage. Dans le premier cas la capacité d'évacuation se trouvera réduite pendant une certaine période, tandis que, dans le second cas, tout travail sur la face amont du barrage nécessitera le rabattement du plan d'eau jusqu'à un certain point. Il est, de ce fait, conseillé de planifier les travaux de réhabilitation pour qu'ils s'adaptent le mieux possible au débit naturel et aux situations de crue. Sur des barrages avec des ouvertures multiples (p.ex. les barrages en rivière) l'écoulement pendant la réhabilitation sera balancé d'un nombre réduit d'ouvertures à un certain moment à un nombre plus grand en fonction de la probabilité d'occurrence d'une crue et du débit correspondant.

La capacité de rabattement du niveau d'un réservoir peut varier de quelques m³/s à des valeurs correspondant à la capacité de la dérivation (100–500 m³/s ou même davantage). Dans certains cas, spécialement pour des aménagements sur des rivières avec des débits annuels moyens très élevés, l'abaissement du plan d'eau de la retenue n'est pas possible. Des mesures spécifiques doivent être prises, comme indiqué sur la Fig. 3.3.

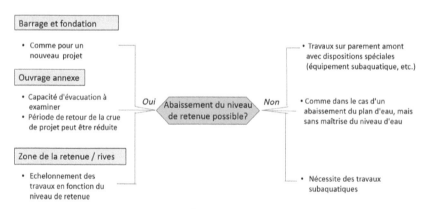

Figure 3.3
Influence du niveau de la retenue sur les travaux de réhabilitation

Typically, the general rules for the design of a new scheme will apply to increasing the performance capacity of an existing scheme. A rehabilitation project can be expected to conform to the general rules of a new scheme and will also require a specific management system with a detailed planning of the works and allocation of resources to ensure that the existing performance capabilities of the un-remediated section are properly matched with those of the rehabilitated section.

Regarding site conditions a distinction shall be made between works required at a hydraulic structure that are vital for the release of reservoir water and works at the dam body itself. In the first case, the discharge capacity will be reduced during a given period of time, whereas in the second case any work at the upstream face of the dam will require lowering of the reservoir level to some extent. It is therefore advisable to plan rehabilitation works in such a way that they match the natural discharge and flood conditions. Also, at dams with multiple sluices or openings (e.g. at river dams) flow during rehabilitation should be balanced ranging from a limited number of openings at a particular time to a larger number according to the probability of occurrence of a flood and the corresponding discharge.

Reservoir level lowering capacity can range from some m³/s to values of the river diversion discharge (100–500 m³/s or even more). In some cases (especially at schemes on rivers with large mean annual flows) lowering of the reservoir is not possible. Special measures have to be taken as indicated in the Fig. 3.3.

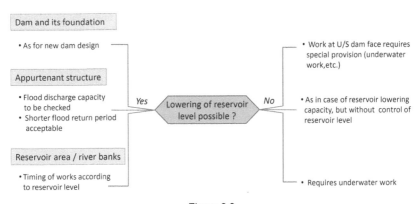

Figure 3.3
Impact of reservoir level lowering on rehabilitation works

La nécessité d'abaisser le niveau de la retenue pour permettre des travaux de réhabilitation doit être appréciée en la comparant au maintien de la fonctionnalité du système. Il peut être physiquement possible de mettre en œuvre un abaissement important, mais impossible sur le plan de l'exploitation à cause de la production et/ou d'exigences sociales ou environnementales. Dans des circonstances pareilles, un rééquilibrage des exigences-clés de capacité et des exigences de capacité peut être nécessaire, y compris un rééquilibrage des besoins en eau de la communauté vivant à l'amont et de la sécurité du barrage pendant la réhabilitation. Dans certains cas il peut être nécessaire de maintenir la pleine fonctionnalité du système tout en procédant aux travaux de réhabilitation. Souvent la nécessité de réhabiliter combine remise en état et augmentation de la performance.

3.3.2. Planification des travaux de réhabilitation

Les travaux de réhabilitation doivent être planifiés comme s'il s'agit d'un nouveau projet situé sur ou à côté d'un barrage existant. Les principales difficultés proviennent du fait que l'exploitation du barrage doit normalement continuer (de manière réduite ou complète), alors que le niveau de risque résultant de la combinaison des activités de construction et d'exploitation doit être maintenu au même niveau que durant une exploitation normale. Une gestion efficace de l'eau est une activité cruciale à laquelle il faut vouer toute l'attention voulue durant toutes les étapes du processus de réhabilitation. Des instructions spéciales d'exploitation sont souvent nécessaires à cette fin.

Les acteurs intervenants sont les mêmes que pour un nouveau projet. L'organisation du Propriétaire joue un rôle décisif, car elle connaît parfaitement l'aménagement et a un intérêt à réduire l'interférence entre les travaux et l'exploitation en cours du barrage. Le Propriétaire entreprend soit une réparation ou une amélioration majeure d'une partie du barrage, soit il procède au remplacement des dispositifs hydromécaniques d'un ouvrage annexe ou il fait les deux. À cet effet le Propriétaire engage un Concepteur pour développer les plans respectifs. Cette personne ou société n'est pas forcément le concepteur initial et il, ou elle, doit tout d'abord se familiariser avec les caractéristiques techniques du projet existant. Le Propriétaire doit transmettre au Concepteur une documentation complète sur le barrage, son historique et son exploitation. Des reconnaissances additionnelles sont souvent aussi réalisées pour déterminer l'état actuel du barrage et de sa fondation en termes de déformation des matériaux, de résistance, de perméabilité, etc.

Dans le cas de réparation ou d'amélioration d'un barrage, le Concepteur est censé développer une série de solutions qui diffèrent entre elles par le volume de travail à réaliser. Des mesures de réhabilitation plus radicales et complètes seront plus coûteuses, mais fourniront généralement une solution plus durable aux problèmes rencontrés. Le Concepteur devra attirer l'attention du Propriétaire sur cet aspect des approches possibles. Comme dans tous les efforts conceptuels un compris doit être trouvé entre "le désirable" et "le pratiquement réalisable". Le Concepteur doit être concerné non seulement par les aspects structuraux du projet de réhabilitation, mais aussi par les ceux liés à la construction (accès, structure temporaire, décharge, emplacement de la grue, etc.) pour démontrer la faisabilité complète de son projet. Le Concepteur et le Propriétaire/Exploitant devront se mettre d'accord sur le régime d'exploitation pendant les travaux de réhabilitation. L'appel d'offres devrait laisser à l'Entrepreneur la possibilité de modifier ou d'optimiser certains des aspects en fonction de sa propre expérience et de sa conception des travaux. Toutefois les aspects-clés de la sécurité, tels que le débit à relâcher pendant les travaux ou l'échelonnement des phases critiques de construction ne doivent pas être compromis.

Reservoir lowering to permit rehabilitation works may have to be balanced against maintaining the functionality of the system. It may be physically possible to implement a large drawdown, but not operationally possible because of production, social or environmental requirements and objectives. In such circumstances, a re-balancing of the Key Capability Requirements and the Capability Requirements may be required including a re-balancing of upstream community reservoir needs against the safety of the dam during rehabilitation. In some cases, it may be necessary to maintain full hydraulic functionality while performing the rehabilitation of improvement works. Often, rehabilitation needs lead to both restoration and enhancement of performance.

3.3.2. Planning rehabilitation works

Rehabilitation works should be planned as if it is a new project sitting on or next to an operating dam. The main difficulties arise from the fact that operation of the dam usually has to continue (reduced or fully) while the risk level resulting from the combination of simultaneous construction works and operation has to be kept at the same level as during normal operation. Effective management of the water is a vitally important activity that must be given due consideration at all stage of the rehabilitation process. Special operation instructions will often be required for this purpose.

The intervening actors are basically the same as for a new design. The Owner's organisation has a decisive role to play as it knows the scheme best and has an interest in minimising the interference by the works with the on-going operation of the scheme. Typically, the Owner is either undertaking a major repair or improvement of some part of the dam or with the replacement of hydro-mechanical devices at an appurtenant structure or with both. The Owner will hire a Designer to develop the plans. This person or firm will not necessarily be the original designer and typically will have to first become acquainted first with the technical features of the existing project. The Owner should provide the Designer with comprehensive documentation on the dam, its history and its operation. Additional investigation is also usually performed to determine the actual condition of the dam and the foundation in terms of material deformation, strength, permeability, etc.

In the case of major repair or improvement of a dam the Designer can be expected to develop a range of solutions which will differ by the extent of the work to be undertaken. More radical and complete rehabilitation measures will be more expensive but will usually provide a longer-term solution to the problems encountered. The Designer will have to draw the attention of the Owner to this aspect of the possible approaches. As in all design endeavours a compromise must be found between "the desirable" and "the pragmatically achievable". The Designer shall be concerned not only by the structural aspects of the rehabilitation design, but also by the constructional ones (access, temporary structure, disposal site, crane location, etc.) to demonstrate the complete feasibility of the work to be undertaken. The Designer and the Owner/ Operator will have to agree on the operational regime of the facility during the rehabilitation process. The tendering design shall leave the possibility for the Contractor to modify or optimize some of the issues according to their own experience and approach to the works. Nevertheless, key safety issues such as the reservoir discharge during the works or the timing of critical construction phases shall not be compromised.

La mise en soumission des travaux peut se faire en lots séparés, mais, dans le cas de travaux de réhabilitation très importants et complexes, il peut être avantageux pour le Propriétaire de mandater une entreprise générale pour l'ensemble des travaux, y compris des travaux spéciaux, tels que les injections ou les revêtements en asphalte, et la rénovation ou l'installation d'équipements hydromécaniques et électriques.

Un soin particulier doit être apporté à l'analyse et la gestion du risque associé au projet de réhabilitation, car la dérive du programme des travaux peut conduire à une situation dangereuse. Ce type de situation est un cas de "risque émanant du projet", résultant d'un "risque au projet", et elle cause une augmentation de l'ensemble du "risque du projet" (cf. 3.5 plus loin).

Le degré de risque dépend d'une quantité de facteurs liés à la gestion des débits, au type de réhabilitation envisagé, à l'échelonnement de travaux spécifiques, à la mesure dans laquelle des composantes de l'aménagement qui sont importantes pour la sécurité sont mises hors service, et au temps mis pour recouvrir une fonctionnalité adéquate pour gérer les débits.

La simulation des différentes activités liées au projet, l'hydrologie de la retenue et les conditions d'exploitation servent à analyser toutes les combinaisons et permutations possibles de scénarios qui peuvent se produire. Ces scénarios peuvent être analysés de manière stochastique pour estimer la probabilité d'occurrence de chaque scénario individuel et estimer également le risque qui lui est associé. Des plans d'urgence peuvent alors être établis pour tenir compte de plusieurs scénarios, plus spécialement ceux avec des probabilités élevées d'occurrence. Dans le cas de situations pour lesquelles aucun plan d'urgence ne peut être développé, il faut s'attacher à concevoir les travaux de réhabilitation de telle manière que le risque puisse être repris par la structure, sans mettre en péril la sécurité du barrage et ses fonctions de retenue et de décharge de l'eau.

3.3.3. Réalisation des travaux de réhabilitation

Dans la plupart des cas, l'exploitation de la retenue et du barrage doit continuer pendant les travaux de réhabilitation. L'existence d'une interface entre les activités d'exploitation et celles de construction ou de montage ne peut pas être évité. Les interférences doivent être réduites au minimum en séparant autant que possible les domaines des travaux de construction de ceux de l'exploitation normale. Il est important de disposer d'un Chargé de la sécurité, responsable de faire respecter toutes les règles de sécurité par les travailleurs de l'Entrepreneur. Le personnel du barrage doit aussi être habilité à contrôler les travailleurs pour s'assurer qu'ils respectent bien les règles de sécurité de l'exploitation.

La prédiction des apports, couplée avec une estimation du temps nécessaire à reprendre un niveau d'exploitation minimum pour la partie du barrage en cours de réhabilitation, est importante pour maîtriser le risque. Les travaux doivent être conçus et le programme mis en œuvre de telle manière que les activités de construction puissent être interrompues et la gestion des débits rétablie partiellement ou totalement pour permettre, si nécessaire, le passage temporaire d'écoulements, avant que la réhabilitation ne reprenne, dès que le danger aura été écarté.

Dans le cas de surélévation ou de renforcement d'un barrage, les travaux nécessitent une installation de chantier adéquate. Selon l'importance des travaux une station de production des agrégats et une centrale à béton peuvent être nécessaires. Il peut être aussi nécessaire de disposer d'une installation de soudage lorsque de larges structures métalliques doivent être remplacées ou de nouvelles structures sont à monter. Sur des sites de barrage éloignés l'accès et les installations temporaires peuvent constituer un enjeu majeur. Matériel et équipements doivent être parfois transportés par hélicoptère, mais la capacité s'en trouve limitée. Dans des régions de montagne un transport par téléphérique a été aussi utilisé. Le fait de disposer de la plus grande partie du matériau de construction

Tendering of the works can be done in separate single packages, but in case of very comprehensive and complex rehabilitation works it might be advantageous for the Owner to entrust a general contractor with all works to be performed, including special works, such as grouting or asphalt lining, and the renewal or installation of hydro-mechanical and electrical parts.

Considerable care and attention should be given to analysis and management of rehabilitation project risk as slippage of the schedule may result in a dangerous situation developing. This dangerous situation is a case of "risk from the project" that arises from the occurrence of a "risk to the project" and causes an increase in the total "risk of the project" for the Owner (refer to 3.5 below).

The degree of risk depends on a number of factors related to the management of water flows, the nature of the rehabilitation process, the timing of the particular work tasks, the extent to which features of the facility that are important to safety are out of service, and the time taken to restore sufficient functionality to manage the flows.

Simulation of the project activities, the reservoir hydrology and the operational conditions provide a means of analysing all possible combinations and permutations of scenarios that might develop. These possible scenarios can then be analysed stochastically to estimate the probability of occurrence of any individual scenario and to also estimate the associated risk. Contingency plans can be developed to account for many scenarios, especially the scenarios with the higher probabilities of occurrence. For those situations where contingency plans cannot be developed, consideration should be given to designing the rehabilitation works in a way that the risk can be absorbed by the structure without threatening the safety of the dam and it's retaining and discharge functions.

3.3.3. Performing rehabilitation works

In most cases operation of the reservoir and the dam has to be pursued during the rehabilitation works. An interference between operational and building or installation activities cannot be avoided. Interference has to be minimized while separating as far as possible the areas of construction work and that of regular operation. It is important to have a Safety Officer in charge of ensuring that all safety procedures are respected by the Contractor workers. On site personnel shall be also entrusted with the authority to check workers if they do not respect operational safety provisions.

Inflow forecasting coupled with an understanding of the time that it would take to restore a minimum level of service for the part of the dam undergoing rehabilitation provides an important means of controlling the risk. The rehabilitation work should be designed and the schedule implemented in a way that the rehabilitation works can be interrupted, flow control functionality restored in part or in full to permit passage of the outflows as temporarily required, followed by resumption of the rehabilitation when the danger has passed.

In case of heightening or strengthening of a dam an appropriate site installation is required for the rehabilitation works. According to the importance of the works an aggregate crushing plant and a concrete batching plant may have to be installed. It may be also necessary to have a welding plant in cases where large steel structures are to be replaced or new steel structures installed. At remote dam sites access and temporary installation can constitute major issues. Transportation of material and equipment has been done in some cases by helicopter, but the capacity of such means is limited. In mountainous regions heavy aerial cableways have been also used. Obviously, it is an essential

à proximité du barrage et de pouvoir réduire, de ce fait, le trajet du transport est un avantage essentiel. Dans le cas idéal on aura recours à la même source de matériau que lors de la construction originale.

Pendant et après la réhabilitation le comportement du barrage doit être suivi avec un programme de surveillance adéquat. Si des instruments de mesure sont déplacés pendant les travaux, p.ex. le point d'attache d'un pendule, une série de mesures immédiatement avant et après le déplacement de l'instrument doivent être faits, afin d'avoir la différence exacte entre la situation précédant et suivant ce changement.

3.3.4. Gestion de la sécurité pendant des travaux de réhabilitation

La sécurité de l'aménagement pendant des travaux de réhabilitation ou de renforcement est potentiellement plus complexe que pour la construction d'un nouveau barrage lorsque l'Entrepreneur maîtrise entièrement le site et assume la sécurité des travaux jusqu'à la remise des ouvrages au Propriétaire. Dans le cas de travaux de réhabilitation ou de renforcement, et à moins que l'aménagement ne puisse être mis hors service, la responsabilité de la sécurité revient largement au Propriétaire/ Exploitant avec certains aspects spécifiques tels que la sécurité d'ouvrages temporaires, ainsi que les plans et horaires d'interruption des travaux relevant de la responsabilité de l'Entrepreneur. Le Concepteur doit planifier les travaux à entreprendre de telle manière que ceux-ci soient réalisables en tenant compte des contraintes de l'exploitation et des possibilités de construction. À travers tout le processus une maîtrise efficace du volume de retenue, des apports et des écoulements est primordiale.

Dans le cas de la réhabilitation d'une partie d'un barrage, il peut être utile de construire un batardeau temporaire à l'amont pour retenir les eaux pendant la durée des travaux. Le type et la disposition du batardeau dépendront de différents facteurs, tels que la configuration de l'aménagement et les contraintes imposées par l'exploitation (Fig. 3.4). Tandis qu'un batardeau pour des travaux de réhabilitation s'apparente largement dans sa conception à celui prévu pour la construction d'un nouveau barrage, l'interface entre le barrage existant et le batardeau requière, dans ce cas, un soin particulier dans la planification et la construction afin de garantir une étanchéité satisfaisante. Il est également nécessaire de s'assurer que la construction du batardeau n'affecte pas négativement le comportement du barrage existant.

Figure 3.4
Batardeau amont destiné à protéger des travaux de modification à un niveau inférieur
(Photo BC Hydro)

advantage when the major amount of construction material can be found in the vicinity of the dam and does not require a long hauling way. In ideal cases the same source of material as for the original construction can be used.

During and after rehabilitation the behaviour of the dam has to be monitored by an appropriate surveillance program. If instruments are moved during the works, e.g. the attaching point of a plumbline, a set of readings immediately before and after movement of the instrument shall be made to have the exact difference between the pre- and post- project situations.

3.3.4. Dam safety management during rehabilitation works

The situation of the safety of the system during the rehabilitation and enhancement works is potentially more complicated than in the case of the construction of a new dam where the contractor is in full control of the site and the safety of the works until handover of the dam scheme to the owner is complete. In the case of rehabilitation and enhancement works, and unless the dam scheme can be effectively taken out of service, responsibility for the safety of the scheme remains largely with the Dam Owner/Operator with specific aspects of the safety of the scheme such as the safety of temporary works, and works interruptions plans and schedules being the responsibility of the Contractor. The Designer must design the proposed works in a way that is readily constructible given the constraints of the operation of the dam and construction capabilities. Throughout the whole process, effective control of the stored volume, the inflows and the outflows are of paramount importance.

In the case of rehabilitation of part of the dam body it may be appropriate to construct a temporary upstream cofferdam to perform the water retention function while the works are carried out. The type and arrangement of such a cofferdam will be dependent on a range of factors including the layout of the dam scheme and the operational requirements (Fig. 3.4). While there are many aspects of the design of a cofferdam for remedial works that are similar to those required for a new dam, the interface between the existing dam and the cofferdam will require careful design and construction to ensure that the interface is watertight and that the construction of the cofferdam does not adversely affect the performance of the existing dam.

Figure 3.4
Temporary upstream cofferdam to protect low level modification works (courtesy of BC Hydro)

La conception d'un batardeau temporaire doit tenir compte de toute la durée de vie de la structure, y compris de son démontage, qui ne doit pas endommager le barrage qui vient d'être réparé. Conformément au principe d'interaction entre systèmes différents, les travaux de construction entrepris sur une partie du barrage ont souvent un effet sur le reste du barrage à cause de leur proximité et leur dépendance. Inversement des activités d'exploitation, telles que des rejets d'eau, peuvent avoir un impact négatif sur les conditions de construction pendant les travaux de réhabilitation.

La réhabilitation d'évacuateurs de crues peut être particulièrement délicate, car la plupart des aménagements ne disposent que d'un évacuateur et n'ont donc pas de redondance pour cet élément essentiel de la sécurité hydraulique. La réhabilitation d'un évacuateur de crues peut donc affecter de manière temporaire le comportement d'un aménagement de barrage, ce qui représente un danger potentiel pour la sécurité du barrage. Dans certains cas, il est possible de partager le coursier de l'évacuateur et d'exécuter les travaux de telle manière qu'un certain pourcentage de la capacité d'évacuation reste disponible durant la construction, comme illustré aux Fig. 3.5 et 3.6.

Figure 3.5
Partitionnement de la fonction d'évacuation sur un ouvrage en modification (photo BC Hydro)

Dans le cas d'une réhabilitation qui ne peut pas être faite durant la saison sèche, et où un partitionnement n'est pas possible ou pas approprié, une étroite collaboration entre le Propriétaire / Exploitant et l'Entrepreneur est nécessaire, afin de pouvoir interrompre les travaux sans incident pour permettre le passage des eaux en cas de crue. Dans de telles circonstances les travaux entrepris jusqu'à ce moment peuvent être endommagés par la déverse, et le projet doit en tenir compte, en prévoyant la réparation des dits dommages et la reprise de la construction après le passage des eaux.

À titre d'exemple l'évacuateur de crues du barrage WAC Bennett de BC Hydro (Canada) a été mis hors service pour permettre des travaux de réhabilitation (Fig. 3.7). Cette situation pourrait être considérée comme un cas temporaire de "capacité non-adéquate de décharge", comme indiqué dans le cadre d'une analyse de sécurité (cf. Fig. 3.2). Dans de telles circonstances, des dispositions peuvent s'avérer nécessaires pour remettre l'évacuateur de crues en service pendant la construction, au cas où une crue surviendrait.

The approach to the design of a temporary cofferdam must properly account for the whole life-cycle of the cofferdam with the design of the removal process being given appropriate attention to avoid damaging the repaired dam during its removal. Because of system interactions, construction works at one part of a dam can usually be expected to have an effect on the rest of the dam by virtue of proximity and dependency. Similarly operational activities such discharging flows may have an adverse effect on the construction conditions during remediation works.

Rehabilitation of spillways can be particularly challenging as in many schemes there is only one spillway, and therefore no redundancy in the essential hydraulic safety features. Spillway rehabilitation may well temporarily adversely affect the performance or safety of the dam scheme as a whole and as such the rehabilitation works represent a dam safety hazard. In some cases, it might be possible to partition the spillway and carry out the works in such a way that some percentage of spillway capacity is available throughout the remediation works as illustrated in Fig. 3.5 and 3.6.

Figure 3.5
Partitioning of spillway discharge function during spillway modification (courtesy of BC Hydro)

In the case of the rehabilitation of a spillway that cannot be completed during the dry season, and where partitioning is not possible or not appropriate there will be a requirement for close co-operation between the dam owner/operator and the contractor to ensure that in the event of a demand for spillway discharge, the works can be safely interrupted to permit the passage of the flows. In such circumstances, the works as constructed to date may be damaged by the spill, and the design should account for this by making provisions for repair of any damages and resumption of normal construction after the spill.

Consider for example the works on BC Hydro's WAC Bennett Dam where the spillway has been taken out of service to permit construction to proceed (Fig. 3.7). This situation would be considered to be a temporary case of "Inadequate Available Discharge Capacity" as set out in the safety analysis framework of Fig. 3.2. Under such circumstances, plans may be required to return the spillway to service during the construction process in the event of a need to pass inflows.

Figure 3.6
Gestion du niveau de la retenue pendant des travaux réduisant la capacité de l'évacuateur de crues
(photo BC Hydro)

Figure 3.7
Travaux sectionnés sur un évacuateur de crues pour garantir un retour à l'exploitation dans
les "t" jours suivant un préavis (photo BC Hydro)

La gestion du risque de la construction (risque au projet) conduit à déterminer la "probabilité de demande" pour la fonction d'évacuation pendant la durée des travaux de réhabilitation, ainsi que le temps requis par l'Entrepreneur pour remettre l'évacuateur en service. Dans le cas de retenues avec des apports saisonniers et de fluctuations importantes du niveau de la retenue pendant l'année ce problème peut être reformulé en termes de dépassement d'un niveau de retenue "sécuritaire pour l'exploitation", qui engendrera une interruption des travaux avec suffisamment de temps pour remettre l'évacuateur en service en permettant la déverse de se produire (cf. Fig. 3.8). Ceci nécessite une restriction sur la quantité de travaux que l'Entrepreneur peut réaliser à n'importe quel moment, en partant du temps requis pour achever la partie des travaux en cours et remettre l'évacuateur en service impliquant une déverse.

Figure 3.6
Reservoir level control during spillway modification with reduced spillway capacity
(courtesy of BC Hydro)

Figure 3.7
Sectioned spillway works to ensure "return to service"
with "t" days of notice (courtesy of BC Hydro)

Management of the construction risk (risk to the project) requires a determination of the "probability of demand" for the conveyance function throughout the duration of the remedial works and a determination of the time required by the contractor to return the spillway to service. In the case of a reservoir with seasonal inflows and significant annual operational fluctuations of the reservoir, this problem can be reformulated in terms of exceedance of an "operationally safe" reservoir elevation that will prompt an interruption of the works with sufficient time to return the spillway to service thereby permitting the spill to occur (see Fig. 3.8). This requires a limit the extent of the works that the Contractor can perform at any time, as determined by the time that would be required for the ongoing element of the works to be completed and the spillway returned to service pending a spill.

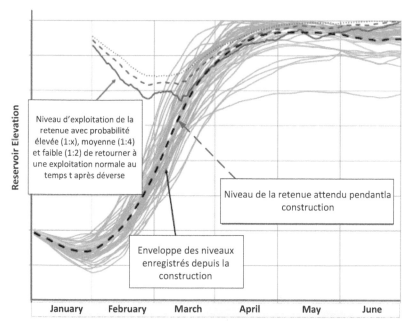

Figure 3.8
Niveau théorique anticipé de la retenue pour une remise en service en "t" jours

Évidemment il y a une chance que les travaux sur l'évacuateur ne soient pas achevés à temps pour un retour à l'exploitation après un temps "t", ou que des apports exceptionnels nécessitent de relâcher de l'eau de manière anticipée. Un plan d'urgence devrait être établi pour ce type d'éventualité et celui-ci pourrait inclure la perte de travaux déjà réalisés à ce moment. Toutefois la perte de travaux déjà réalisés à cause d'une déverse dans la zone de construction, bien qu'elle soit hautement indésirable, devrait être gérée de telle manière qu'elle n'affecte pas la sécurité du barrage.

Quels que soient le but et la nature des travaux, il est impératif de disposer d'une gestion efficace des débits entrants et sortants et du volume d'eau accumulé dans la retenue pour garantir la sécurité d'un barrage durant des travaux de réhabilitation ou de renforcement.

3.4. DÉVELOPPEMENT D'UN PROJET DE BARRAGE COMME PROCESSUS CONTINU

Le développement d'un projet de barrage consiste à procéder en termes de variantes à partir d'une disposition de base jusqu'au projet détaillé des composantes techniques. À chaque étape les options proposées doivent être comparées pour leur aptitude technique (sur le plan structurel et de l'exploitation) et leurs coûts (d'investissement et de maintenance). À chaque étape aussi l'incertitude demeurant sur les aléas naturels et sur les paramètres de la fondation et des matériaux doit être réduite grâce à des reconnaissances de terrain et des essais de laboratoire.

Les barrages subissent des charges extrêmes par rapport à d'autres ouvrages de nature technique. Leur conception doit être raisonnablement conservatrice, c'est-à-dire qu'elle doit comporter une certaine réserve de résistance ou de taille (p.ex. hauteur). Il n'est donc pas conseillé d'aller à la limite dans la conception des barrages.

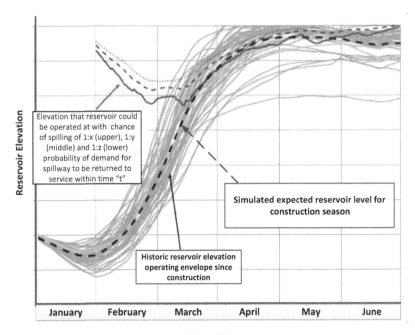

Figure 3.8
Notional target reservoir elevation with return to service in "t" (days)

Clearly, there is a chance that the spillway works will not be completed in time for return to service within time "t", or that an unusually high inflow occurs which necessitates an early release of water. A suitable contingency plan should be established for such an eventuality, and this eventuality might include loss of the works completed to date. However, loss of previously completed work due to an unavoidable spill through ongoing construction, while highly undesirable should be managed in a way that will not endanger the safety of the dam.

Whatever the purpose and nature of the works, effective control of the stored volume, the inflows and the outflows are of paramount importance in ensuring dam safety during rehabilitation and enhancement projects.

3.4.   DAM SCHEME DEVELOPMENT AS A CONTINUOUS PROCESS

Developing a dam scheme consists in proceeding in terms of alternatives starting from the basic layout up to the detail design of technical components. At each step options shall be compared for their technical adequacy (both structural and operational) and for their costs (investment and maintenance). At each step also the remaining uncertainty on natural hazards, as well as foundation and material parameters, shall be reduced by field and laboratory investigations.

Dams are subjected to extreme loads compared with some other engineered structures. Their design should be rather on the (reasonably) conservative side, i.e. that they should be provided with some strength or size (e.g. height) reserve. It is therefore not advisable to go systematically to the limit on dam design.

Des analyses de risque sont utiles pour identifier les points potentiellement faibles d'un projet de barrage. De telles analyses sont exigées dans plusieurs pays par l'Autorité Régulatrice afin de déterminer l'impact d'une déverse ou d'une rupture du barrage sur la zone aval. L'attention est normalement portée sur les organes de décharge (ouvertures et seuils) et la probabilité de non-fonctionnement de ces organes. La probabilité d'une rupture locale ou d'une érosion interne causée par des conditions de fondation inadéquates est également examinée. De telles analyses doivent être discutées et faire l'objet d'un accord entre le Propriétaire, l'Agence Régulatrice et les autres parties prenantes.

Un jeu de règles fondamentales permet d'améliorer la cohérence et la qualité du processus de conception d'un barrage. Elles sont partie intégrante de systèmes de gestion de la qualité. Leurs trois principes fondamentaux sont *continuité, contrôle indépendant et traçabilité*.

- La *continuité* signifie que les concepteurs en charge suivent le projet depuis ses origines (ou au moins depuis l'étude de faisabilité) jusqu'à sa construction. Il est évident que pour différentes raisons contraignantes de temps et d'organisation ce n'est souvent pas possible. Dans ce cas une documentation interne exhaustive, qui comprend aussi des faits ou des éléments habituellement "non explicités", devrait être préparée à la fin de chaque phase pour être disponible dans la phase suivante du projet.

- Le *contrôle indépendant* signifie que chaque aspect technique d'importance soit revu par une équipe de personnes compétentes. Le contrôle de la qualité est implémenté de nos jours dans toute les organisations techniques. C'est un des devoirs du Propriétaire de s'assurer que le contrôle de la qualité soit effectif et non pas traité comme une tâche de routine de second ordre.

- La *traçabilité* implique que toutes les décisions concernant la conception, ainsi que les modifications apportées au projet pendant la construction (cf. plus loin) soient enregistrées et correctement documentées pour la postérité.

Il est recommandé d'avoir un *Comité d'Experts indépendants* sur des projets importants pour s'assurer que les bonnes options techniques sont prises et mises en œuvre. Cela ne signifie pas que le contrôle interne de la qualité puisse être négligé, voir abandonné. Du moment que ce contrôle s'exerce sur des points de détail qui ne sont pas traités par le Comité d'Experts sa fonction demeure essentielle.

Pendant la phase de construction la conformité des travaux aux données et spécifications techniques doit être soigneusement contrôlée par la Direction des travaux. Lors de la construction de barrages des ajustements sont normalement nécessaires sur le site en fonction des conditions de fondation et la qualité des matériaux locaux, qui peuvent s'écarter des spécifications de base. Il est donc essentiel que :

- Les concepteurs contrôlent et approuvent formellement ces modifications *(principe de continuité)*

- Les modifications soient documentées et les documents qui s'y rapportent conservés pour l'exploitation et la surveillance du barrage *(principe de traçabilité)*

Lorsque sur de grands projets différents départements techniques ou plusieurs sociétés d'ingénieurs sont impliqués la direction du projet doit garder une vue d'ensemble de la conception générale pour détecter rapidement d'éventuelles incompatibilités entre parties du projet et éviter des interférences.

Risk analyses will be useful in assessing the potentially weak points of a dam design. Such analyses are required in several countries by the Regulatory Authority to check the incidence of a dam overtopping or dam failure in the downstream area. Attention is usually paid to the water discharge devices (outlets and sills) and the probability of non-functioning of these features. Probability of local failure or extended internal erosion due to inadequate foundation conditions is also examined. Such analyses shall be discussed and agreed upon between the Owner, the Regulatory Agency and all stakeholders.

A set of simple rules will help in enhancing the consistency and quality of the design process. They are usually included in quality management systems: the three basic principles are *continuity, independent checking* and *traceability*.

- *Continuity* means that the Designers in charge should follow the project from the very beginning (or at least from the feasibility study on) to the construction. It is understood that due to various time and organizational constraints this is often not possible. In this case a complete internal documentation, that includes also "hidden" facts or items, should be established at the end of each phase to be available in the next project phase.

- *Independent checking* means that every technical aspect shall be reviewed by a team of competent people. This function of quality control is implemented nowadays in all engineering organizations. It is the duty of the Owner to make sure that the quality control is effective and not carried out only as a low priority routine task

- *Traceability* means that all decisions regarding design and construction modifications (see below) shall be recorded and adequately documented for the posterity.

On large projects it is recommended to have a *Board or Panel of Independent Consultants* to insure that the right technical options are selected and implemented. This does not mean that the internal quality control can be neglected or abandoned. Since it is acting on detail aspects which are not treated by the Board of Consultants its function remains essential.

During the construction phase the adequacy of the works relative to the design specifications shall be thoroughly checked by the site supervision. In dam construction site adjustments are usually required depending upon foundation conditions and quality of the local materials that can depart from the original specifications. It is therefore essential to:

- have the Designers check and formally authorize these adjustments (*continuity principle*)

- document the modifications and keep records for the subsequent operation and monitoring of the dam (*traceability principle*)

On large projects involving several technical departments or even different engineering firms the project management shall have a comprehensive overview of the design of the entire scheme to rapidly detect incompatibilities between project parts and to avoid interferences.

3.5. GESTION DU RISQUE

Le développement de projets de barrages comporte une part importante de risque et d'incertitude. En fait, le risque provient à la fois de l'incertitude et de l'imprévisibilité. Dans le cas des barrages, l'ensemble des principaux acteurs : Investisseur/Propriétaire, Concepteur et Entrepreneur, prennent un "risque de ruine"; à savoir faillite, responsabilité professionnelle ou privée, et destruction presque instantanée d'une réputation bâtie sur de nombreuses années. De plus, comme le risque lié aux barrages entraîne un risque sociétal (population, biens et environnement), l'Investisseur/ Propriétaire est également responsable de la maîtrise du risque vis-à-vis de la société. La prévention d'une rupture du barrage pendant et après la construction, qui pourrait entraîner un des risques évoqués, est de ce fait impérative pour tous les acteurs.

Il est possible de distinguer différentes catégories de risque : "risque inhérent au projet" *(of the project)*, "risque issu du projet" *(from the project)* et "risque apporté au projet" *(to the project)*. Ces différentes catégories ne sont pas complètement distinctes, car le risque d'une catégorie peut être transféré (ou migrer) dans une autre. Ceci étant dit, la responsabilité dans la maitrise de risques relatifs aux barrages peut être distribuée grossièrement comme suit :

- Le "risque inhérent au projet" se rapporte au risque global auquel l'Investisseur/ Propriétaire est exposé et le risque sociétal qu'il doit maîtriser vis-à-vis de la société, lorsqu'il entreprend un projet de barrage. Celui-ci inclut le risque de perdre tout ou partie de l'investissement, ainsi que le flux anticipé des bénéfices provenant de l'investissement sur la durée de vie économique du barrage, si celui-ci vient à se rompre pendant ou après la construction. Selon le type de contrat, ce risque peut comprendre aussi une partie des risques relatifs aux processus de planification, de design et de construction.

- Le "risque issu du projet" correspond au risque associé à la façon avec laquelle le projet est conçu, planifié et implémenté. Ce risque est largement conditionné par le Concepteur et le Concepteur a la responsabilité de le maitriser dans les limites dictées par l'Investisseur/Propriétaire. Toutefois, si le barrage vient à se rompre à cause d'erreurs ou d'omissions dans le design des ouvrages, l'élément sociétal du risque et une large partie des coûts causés par la perte d'actifs retomberont sur le Propriétaire. Typiquement, le Concepteur aura limité sa responsabilité sur le "risque issu du projet", mais cela ne signifie pas que l'organisation qui a conçu le projet est entièrement protégée des effets engendrés par ce type de risque, en particulier en ce qui concerne sa réputation.

- Le "risque apporté au projet" concerne essentiellement le risque lié à l'étendue, au budget et au programme d'un projet de barrage et inclut aussi l'ensemble des risque liés à la gestion de conditions incertaines et à la gestion des modifications. Ce risque est partagé entre la Direction des travaux et l'Entrepreneur. Les responsabilités respectives sont normalement définies lors des négociations contractuelles.

Les catégories de risque mentionnées sont générales, et elles s'appliquent à tous les acteurs à des degrés divers selon le type de contrat. D'un point de vue interne, le Concepteur et l'Entrepreneur sont exposés à différents éléments de chaque catégorie, bien que ce soit à un degré moindre par rapport à l'Investisseur/Propriétaire.

Indépendamment du règlement de la responsabilité financière liée à ces risques, tous les acteurs ont une responsabilité morale dans leur maîtrise, et, en particulier pour ce qui concerne le risque sociétal.

3.5. RISK MANAGEMENT

Dam development projects involve a great deal of risk and uncertainty. In fact, risk arises because of uncertainty and unpredictability. In the case of dam developments, all of the principal actors; Investor/Owner, Designer and Contractor take the "risk of ruin"; specifically, bankruptcy, professional liability or personal liability and also almost instantaneous destruction of reputation earned over many years. Further, since risk from dams involves risk to society (people, property and the environment), the Investor/Owner is also responsible for the control of the risk to society. Therefore, prevention of failure of the dam both during and after construction, which could bring one or all of the aforementioned risks, is imperative for all actors.

These risks can be grouped in terms of a set of risks termed the "risk of the project"; "risk from the project"; and, "risk to the project". These different categories of risk are not completely separable as risk in one category can be transferred to (or migrate to) another category. This said, responsibility for control of these categories of risk as they pertain to the dam can be broadly apportioned as follows.

- The "risk of the project" refers to the total risk that the Investor/Owner is exposed to and the societal risk that the Investor/Owner is responsible for controlling on behalf of society when undertaking a dam development project. This includes the risk of loss all or part of the investment and the benefit stream that is anticipated to arise from the investment over its economic evaluation life should the dam fail during or after construction. Depending on the type of construction contract, it may include much of the risk associated with the planning, feasibility, design and construction processes.

- The "risk from the project" refers to the risk associated with the way that the project is conceived, planned and implemented. Much of the "risk from the project" pertains largely to the Designer, and the Designer is responsible for controlling this risk within limits set by the Investor/Owner. However, should the dam fail due to errors or omissions in the design of the works, the societal element of the risk and much of the cost associated with the loss of the asset will revert to the Owner. The Designer will typically limit its liability for "risk from the project" but this does not mean that the designing organization is fully protected from adverse effects of this class of risk, which includes reputational risk.

- The "risk to the project" essentially refers to the scope, budget and schedule risks associated with dam developments and importantly includes all risk associated with the management of unforeseen conditions and the management of changes. "Risk to the project" is partly the responsibility of the Site Supervisor and partly the responsibility of the Contractor. How these responsibilities are apportioned forms an important part of the contract negotiations.

The above categories of risks are general and apply to all actors to varying degrees depending on the type of contract. The Designer and the Contractor are actually exposed to some elements of all categories of risk from an internal perspective although to a significantly lesser degree than the Investor/Owner.

Notwithstanding how financial liability for these risks is apportioned, all actors have a moral responsibility for the effective control of these risks, and in particular all of the dimensions of the societal risk.

Les deux chapitres suivants décrivent comment identifier et réduire ces risques pour tous les acteurs concernés. Ceci peut être réalisé par une gestion intégrée impliquant tous les acteurs (Chap.4). Dans un tel système général de gestion le rôle de l'Investisseur/Propriétaire, avec son propre système de gestion, sont spécialement importants, si l'on considère que l'Investisseur/Propriétaire est (ou devrait être) le moteur et le pivot central dans la réalisation d'un projet de barrage.

Des principes généraux d'ingénierie sont également requis pour diminuer les risques résiduels à toutes les étapes du développement d'un projet. Ils sont présentés et discutés au Chap. 5.

The two following chapters describe how to identify and mitigate these risks for all actors involved. This can be done by an integrated management concept involving all actors (Chap. 4). Out of this overarching management system the role of the Investor/Owner and his own management system are especially relevant as the Investor/Owner is (or should be) the driving force and the central pivot in implementing the dam project.

General engineering principles are also required to reduce residual risks at all stages of the dam development project. They are presented and discussed in Chap.5.

4. SYSTÈME GLOBAL DE GESTION DE LA SECURITE

4.1. LE CONCEPT DE SYSTÈME GLOBAL DE GESTION

4.1.1. Données de base

Le présent chapitre contient des considérations qui dépassent les aspects purement liés à la conception et au développement d'un projet de barrage, pour aborder des questions plus générales relatives à la gestion du projet dans son ensemble, notamment la gestion de la sécurité et la protection de l'environnement. En effet, la réflexion doit être élargie pour que la sécurité – envisagée, à la fois comme sécurité structurelle et opérationnelle - soit solidement ancrée dans la philosophie de conception dès les toutes premières phases du projet, et être ainsi présente tout au long de la durée de vie du barrage. L'objectif global étant que le barrage soit construit, exploité et déconstruit en toute sécurité. La sécurité, en termes de construction, concerne à la fois la protection du public en cas de défaillance du barrage ou pendant des travaux provisoires (par ex. batardeau), et la sécurité des travailleurs pendant la phase de construction et d'exploitation. De bonnes performances en termes de construction et de mise en service sont essentielles pour gagner la confiance du public. Il s'agit là de la sécurité structurelle, environnementale ainsi que des relations sur le lieu de travail et avec la communauté environnante.

Tous les acteurs impliqués dans la construction d'un barrage ont pour objectif commun le développement d'un projet sûr, financièrement viable et durable, à long terme, du point de vue environnemental, tout en évitant les accidents qui peuvent survenir pendant la phase de construction. L'idée d'unifier les systèmes de gestion de la sécurité du Propriétaire, du Concepteur et de l'Entrepreneur est liée au fait que, du point de vue du public, ceux-ci font partie d'une seule et unique entité. Par exemple, de mauvaises performances environnementales, de la part de l'Entrepreneur, pendant la construction ont forcément un mauvais impact sur le Propriétaire/l'Investisseur, mais aussi sur la sécurité, car cela donne l'impression d'un projet qui n'est pas correctement maîtrisé. Le développement d'un projet d'aménagement de barrage sera considéré par le public et par les autorités compétentes comme une entité à part entière, qui doit être conforme à une série de valeurs et de principes, comme une entreprise qui agit selon ses propres valeurs et ses principes. La convergence des valeurs et des principes des différents acteurs dans la phase de développement du projet est un élément nécessaire pour l'établissement de valeurs et de principes partagés par tous et sur lesquels fonder l'élaboration du projet d'aménagement et la réalisation d'un objectif commun. Ceci doit être une évidence malgré le cloisonnement de nature contractuelle entre les différents acteurs.

Par ailleurs, la sécurité pendant l'exploitation ne peut être assurée que si tous les facteurs qui ont un impact sur le fonctionnement sont pris en compte dès le début de la phase de conception et si des mesures adéquates sont mises en place pour maîtriser ces facteurs. Cela signifie que la sécurité doit être correctement prise en compte dans le contexte de toutes les autres fonctions assignées au projet, de manière intégrée et sur toute la durée de vie du barrage. À ce propos, on entend par sécurité non seulement celle du public, mais aussi tous les aspects d'un fonctionnement sûr, y compris la sécurité environnementale et sur le site pendant la construction et l'exploitation.

4. OVERARCHING SAFETY MANAGEMENT SYSTEM

4.1. CONCEPT OF OVERARCHING MANAGEMENT SYSTEM

4.1.1. Background

This chapter outlines considerations that go beyond the engineering aspects of the development of a dam scheme, and into the broader aspects of managing the entire development including the principles for safety management and environmental protection. This expansion of the thinking is required to embed safety firmly within the design philosophy at the early stages of the development in a way that ensures that safety, set in terms of structural safety and operational safety, is secured over the entire life of the dam. The overall objective being that the dam can be constructed safely, operated safely, and decommissioned in a safe manner. Construction safety covers both protection of the public from failure of the dam or temporary works (e.g. cofferdam), and worker safety during construction and during operation. Good performance during construction and commissioning is essential for securing the trust of the public. This includes structural safety, environmental aspects, labour relations and community relations.

All actors involved in the development of a dam have the common objective of a safe, financially viable and environmentally sustainable project in the long term while avoiding losses and accidents during the construction phase. The idea of unifying the management systems of the Owner, the Designer and the Contractor arises because, from the perspective of the public, they are all part of the one development. For example, poor environmental performance during the construction by the Contractor inevitably reflects badly on the Owner/Investor by association. It also reflects badly on safety by creating the impression of a project that is not well controlled with the implication that many things including safety are not well controlled. Just as companies operate in terms of corporate values and principles, the development of a dam scheme will be considered by the public and the licencing authorities to be an entity which as a whole should be guided by an appropriate set of values and principles. Alignment of the values and principles of the actors in the development is a necessary part of establishing a common set of values and principles for the development of the scheme thereby supporting the achievement of the common goals. This is the case no matter how well the actors try to insulate themselves from each other in a contractual sense.

Further, safety in the operational phase of the life-cycle can only be assured if all of the factors that influence operation are understood early in the design phase and appropriate measures established to deal with them under all operating conditions. This includes appropriate consideration in the design of safety in the context of all other functions of the scheme in an integrated way over the whole life-cycle of the project. In this regard, safety refers not just to public safety but to all dimensions of safe functioning including environmental security and workplace safety during construction and in operation.

L'objectif principal de la gestion de la sécurité, dans ses phases pré-opérationnelles, est de faire en sorte que le barrage ne subisse pas de défaillances graves pendant la construction, la mise en service et les premières années d'exploitation. Cet objectif doit être atteint sans mettre en péril la sécurité pendant la phase ultérieure d'exploitation du barrage. Tout défaut structurel, par exemple la ségrégation lors de la mise en place du remblai, peut compromettre la sécurité du barrage pendant sa phase opérationnelle. Par conséquent, l'un des buts de la supervision de la construction consiste à assurer la sécurité de l'exploitation future. La modification de la conception en cours de construction est un autre élément susceptible de compromettre la sécurité à court et long terme. La modification du périmètre du projet en cours de construction, souvent due à la nécessité de maîtriser l'augmentation des coûts, est une autre source potentielle de problèmes de sécurité, qui peuvent se manifester à un stade plus avancé du cycle de vie. La prise en compte, dans la conception et dans la construction, des activités et des caractéristiques liées à la sécurité, des divers facteurs qui ont un impact direct ou indirect sur la sécurité, du régime d'exploitation et des contraintes opérationnelles contribue à assurer de manière plus efficace et plus rentable la sécurité du barrage pendant toutes les phases de sa durée de vie.

4.1.2. Systèmes de gestion

À l'heure actuelle, les entreprises et les autres entités, telles que les organismes publics, sont gérées par des systèmes de gestion. Cela vaut aussi pour les projets. Les systèmes de gestion peuvent prendre différentes formes, mais ils ont toutes un but commun, notamment celui de fournir un mode systématique et organisé de fixer et réaliser les objectifs. En tant que tel, un système de gestion peut être utilisé au plus haut niveau de direction d'une entreprise pour fixer des politiques et des objectifs et fournir les ressources et les structures nécessaires pour les réaliser. Au sein de la même société, certains projets sont gérés par un système de gestion spécialement conçu pour la gestion des projets.

On peut imaginer que le Propriétaire/l'Investisseur, le Concepteur et l'Entrepreneur auront des objectifs de gestion organisationnelle différents et des systèmes de gestion différents pour les gérer. L'entité Propriétaire/Investisseur est souvent considérée comme une entité centrée sur l'« exploitation (production) » (par ex. une société de production d'énergie hydroélectrique ou une société de distribution de l'eau) qui lance, de temps à autre, des projets, alors qu'un Entrepreneur est en général une entité centrée sur la réalisation de « projets ». Au sein d'une entité centrée sur les « projets », toute activité est définie comme un projet, chaque projet représentant un centre de coût à part entière, qui publie son propre compte de résultat. Dans une entité « centrée sur l'exploitation », le compte de résultat est mesuré par rapport à des lignes fonctionnelles et les projets existent en tant que support au processus de production. Le Concepteur, de son côté, pourra être également géré comme une entité centrée sur les « projets », mais il doit créer un projet d'aménagement de barrage dont la gestion future sera centrée sur l'« exploitation ». De ce fait le Concepteur devra évaluer et prendre en compte, dans sa conception, les deux types d'approches de gestion. Dans ce contexte, la conception du système de gestion de la sécurité et de l'infrastructure de gestion de la sécurité de l'aménagement du barrage devra être adaptée pour une entité centrée sur l'« exploitation ».

Pendant la construction, l'Entrepreneur, tout en travaillant en termes de « projet », doit adopter une vision centrée sur l'« exploitation » en vue de la gestion des débits sur le site du barrage. L'« exploitation » peut parfois être prioritaire pour la gestion des écoulements et les exigences relatives à ce domaine peuvent être déterminants pour certains aspects de la gestion du projet pendant la construction. Le mode opératoire de l'Entrepreneur se focalise davantage sur l'exploitation au fur et à mesure que les travaux de dérivation provisoire sont terminés et que la construction du barrage touche à sa fin.

On peut établir une distinction entre le « succès du projet », à savoir le succès global du projet d'aménagement de barrage à long terme, malgré les retards et les dépassements de budget pendant la phase de construction, et la « réussite de la gestion du projet » mesurée selon la méthode « PRINCE » (PRojects IN Controlled Environments).

Ensuring that the dam does not fail during construction, commissioning and within the early years of its service life is the prime objective of safety management in the pre-operational phases. This must be achieved without compromising safety in the operational phase of the life-cycle. Construction flaws, such as segregation in earthfill placement may compromise dam safety in the operational phase. Thus one of the purposes of construction supervision is securing operational safety. Design changes during construction are another area that can compromise safety in the short and long term. Changes in scope during construction, often in the interest of controlling escalating construction costs, represents another potential cause of safety problems later in the life-cycle. Integration of the safety activities and features, the factors that influence safety either directly and indirectly, the operational regime and the operational constraints, with the design and construction provides a more efficient and effective way of ensuring safety in in all phases of the life-cycle.

4.1.2. Management context

In the modern context, companies or other entities such as government departments are managed in terms of some form of management system. The same can be said of projects. While management systems can take different forms, all forms have a common purpose, specifically to provide an organized or systematic way of setting and then achieving objectives. As such, a management system can apply at the top levels of an organization to set policies and objectives, and to provide the enabling structures and resources to achieve these objectives. Within the same company individual projects are managed in terms of a management system designed for project management purposes.

It can be expected that the Owner/Investor, the Designer and the Contractor will have different organizational management objectives and supporting management systems. The Owner/Investor organization can often be expected to be an "operations (production)" focused organization (e.g. a hydropower company or a water agency) that initiates projects on an occasional basis, whereas a Contractor organization can be expected to be a "projects" focused organization. In a "projects" focused organization all work is characterized as a project, with each project as a separate cost centre having its own profit-and-loss statement. In the "operations focused" organization, profit and loss is measured along functional lines and projects exist to support the production process. The Designer organization may also be managed as a "projects" focused organization, but it will need to create a dam scheme that will become part of an "operations" focused organization to be created in terms of a "projects" focused methodology. As such the Designer will need to appreciate and accommodate both types of management approaches in the design. In this context, the design of the safety management system and safety management infrastructure of the dam scheme must be appropriate for an "operations" focused organization.

During construction, the Contractor while working in terms of a "project" focus must adopt an "operation" focus for the purpose of managing the river flows at the dam site. The "operation" focus may take precedence in managing the water and water management requirements might occasionally dictate the project management arrangements for the construction. The modus operandi of the Contractor becomes more operationally focused as the diversion works are closed and the dam approaches the end of construction.

A distinction can be made between "project success", that is the overall success do the dam scheme in the long run even if it was over schedule and over budget during construction, and "project management success" measured in terms of PRojects IN Controlled Environments (PRINCE).

Le terme « système de gestion », tel qu'il est utilisé dans ce bulletin, fait référence à une méthode organisée de définition et réalisation des objectifs, que ce soit pour le projet du barrage en général ou pour une activité spécifique dans le cadre du processus de projet de barrage. Le système de gestion d'une activité particulière dans le cadre du projet de barrage constituera un sous-ensemble du système de gestion du projet global. Le « sous-ensemble » du système de gestion dédié à cette activité peut comprendre une série de processus qui reflètent ceux du projet dans son ensemble, sur une échelle différente et avec un niveau de détail différent. Toutefois, l'objectif du sous-ensemble relatif à l'activité doit être identifiable dans le système de gestion global de projet du barrage. Les éléments communs à tout système de gestion sont les suivants : politique et objectifs; planification; mise en application; contrôle et évaluation; audit et reporting et amélioration continue (Figure 4.1, Bulletin CIGB 154).

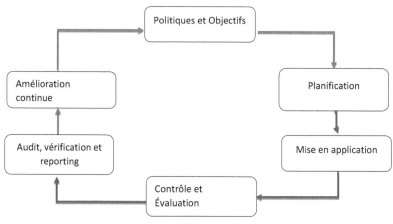

Figure 4.1
Structure générale d'un système de gestion (Bulletin CIGB 154)

En partant de l'idée de système et de sous-ensemble de systèmes, où les fonctions et les objectifs sont organisés de manière hiérarchique et comportent un objectif spécifique commun, tel que la sécurité, un système de gestion intégré apte à définir la manière dont les différents niveaux de l'organisation contribuent à la sécurité peut être illustré comme indiqué à la Fig. 4.2. Il est important de remarquer que ces processus de gestion contribuent de différentes manières à la réalisation des objectifs de sécurité communs.

Dans le cas d'un projet de barrage, où trois acteurs principaux, à savoir l'Investisseur/ Propriétaire, le Concepteur et l'Entrepreneur participent au processus, le rôle joué par l'Autorité qui délivre les autorisations d'exploitation et par la législation et la réglementation applicables est déjà pris en compte dans les méthodes et les objectifs de conception. Ce type de structure de système de gestion peut être appliqué en principe au projet d'un barrage lorsque le processus externe incombe à l'Investisseur/au Propriétaire, le processus interne intermédiaire au Concepteur et le processus interne à l'Entrepreneur. Ces trois acteurs sont concernés par la sécurité du barrage pour des raisons à la fois similaires et différentes. Chaque partie prenante a intérêt à ce que le barrage construit puisse être exploité en toute sécurité pendant longtemps, mais cet intérêt peut être différent.

L'Investisseur/le Propriétaire voudra sécuriser son investissement et les objectifs à long terme qui en découlent. Il visera également à atténuer le risque de responsabilité relatif aux éventuelles pertes, y compris les pertes subies par des tiers, ainsi que celles qui pourraient résulter d'une éventuelle rupture du barrage. Cependant, l'Investisseur/Propriétaire souhaitera atteindre ces objectifs en limitant autant que possible les dépenses.

The term "management system" as used in this bulletin refers to such an organized way of setting and then achieving objectives whether it is for the dam development as a whole or a particular activity within the overall dam development process. A management system for a particular activity in the development of a dam will be a subset of the management system of the development as a whole. This activity level "subset" management system can be expected to involve a set of processes that mirror those of the dam development as a whole, but at a different scale and with a different focus. However, the objective of the activity level subset should be identifiable in the overall management system for the dam development. The common elements of a management system are: policy and objectives; planning; implementing; monitoring and evaluation; audit review and reporting, and, continuous improvement (Figure 4.1, from ICOLD Bulletin 154).

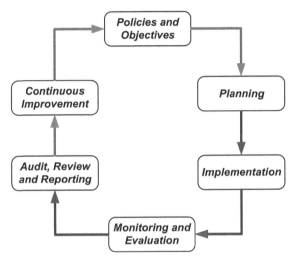

Figure 4.1
General Form of a Management System (from ICOLD Bulletin 154)

Considering the idea of systems and subset systems, or systems of systems, where functions and objectives are organized in a hierarchical way and where there is a particular objective and common focus such as safety. An integrated management system that defines how the different levels of the organization contribute to safety can be illustrated as shown in Figure 4.2. Importantly, these management processes typically contribute to achieving the common safety objectives in different ways.

In the case of a dam development, where there are three principal actors involved in the actual development process the Investor/Owner, the Designer and the Contractor. The roles of the Licensing Authority and prevailing laws and regulations in the dam development are embodied in the design policies and objectives. This management system structure can in principle be applied to the development of a dam where the outer process pertains to the Investor/Owner, the intermediate inner process to the Designer and innermost process to the Contractor. All three have an interest in dam safety for similar and for different reasons. Construction of a dam that can be operated safely over the long term is in the interests of all three actors, albeit in different ways.

The Investor/Owner will want to secure their investment and the objectives that flow from the investment over the long term. They will also want to work towards minimizing the risk of being held responsible for the losses including third party losses and incurring the liabilities that would arise from failure of the dam. However, the Investor/Owner will want to achieve these objectives in an economical way.

Le Concepteur voudra atteindre les objectifs de l'Investisseur/du Propriétaire et améliorer ses propres compétences en répondant aux attentes de toutes les parties concernées par des solutions innovantes et adéquates, protégeant ainsi la réputation et la rentabilité de son entreprise au moins pendant la durée de vie économique du barrage prévue dans la conception. Il voudra également éviter le risque potentiellement désastreux de la rupture du barrage pendant la durée de vie économique du barrage, tout ceci en respectant l'objectif de l'Investisseur/du Propriétaire en termes de sécurisation et d'exploitation du barrage, mais pas à n'importe quel prix.

L'Entrepreneur a des objectifs et des contraintes, en particulier pendant la phase de mise en service et les premières années de fonctionnement du barrage. Dans le cas d'un projet de barrage, ces objectifs seront tous atteints, pour les différents acteurs, pendant les phases de « réalisation ».

Pendant son exploitation un barrage peut être modélisé en tant que processus cyclique (Bulletin CIGB 154), alors que le projet d'un barrage est, en quelque sorte, plus linéaire, avec une itération entre les différentes activités, comme indiqué à la Figure 4.3. De nombreux facteurs et contraintes internes et externes, qui n'apparaissent pas dans la Figure 4.3 ont un impact sur la gestion d'un projet de barrage : leur influence et leurs effets doivent être pris en compte par le système de gestion, les conditions requises pour l'obtention de l'autorisation d'exploitation étant parmi les plus importantes. Parmi les facteurs externes, on peut citer les contraintes imposées par des ONG et d'autres parties prenantes, tandis que les facteurs internes peuvent inclure des aspects tels que la culture de l'entreprise et des facteurs humains.

4.2. FORME DU SYSTÈME DE GESTION DES ACTIVITÉS

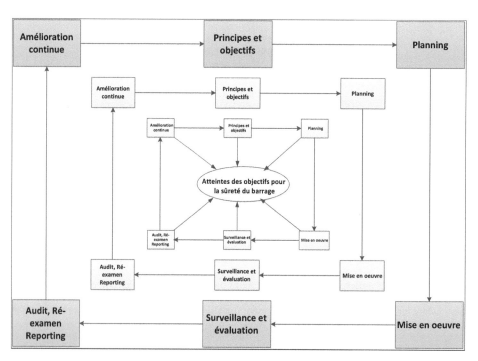

Figure 4.2
Système intégré de gestion (système de systèmes) pour garantir la sécurité d'un barrage

The Designer will want to meet the objectives of the Investor/Owner, further enhance their own capabilities while satisfying all interested parties by developing novel and fit for purpose solutions, thereby securing their reputation and the profitability of their company at least over the economic design life of the dam. They will also want to avoid the potentially ruinous outcomes of a dam failure during the economic design life. However, in doing so, the Designer must accommodate the Investor/Owner's objective of securing an operationally safe dam but not at any cost.

The Contractor has associated objectives and constraints especially during the commissioning phase and the early years of the life of the dam. In the case of a dam development, these objectives are all achieved for the various actors through the "implementation" phases.

While the operation of a dam can be modelled in terms of a cyclical process (ICOLD Bulletin 154), the development of a dam is somewhat more linear with iteration between activities as illustrated in Figure 4.3. There are many external and internal influences and constraints that impact the management of a dam development that are not shown in Figure 4.3, the influences and effects of which must be accommodated by the management system, licensing requirements being one of the most prominent. External influences can include constraints imposed by NGO's and other interested parties and the like, whereas internal influences include matters such as organizational culture and human factors.

4.2. FORM OF MANAGEMENT SYSTEM ACTIVITIES

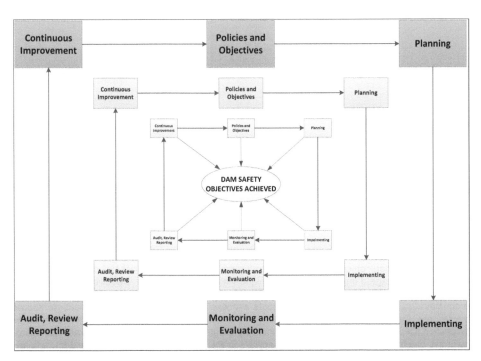

Figure 4.2
Integrated Management System (system of systems) to Achieve Dam Safety

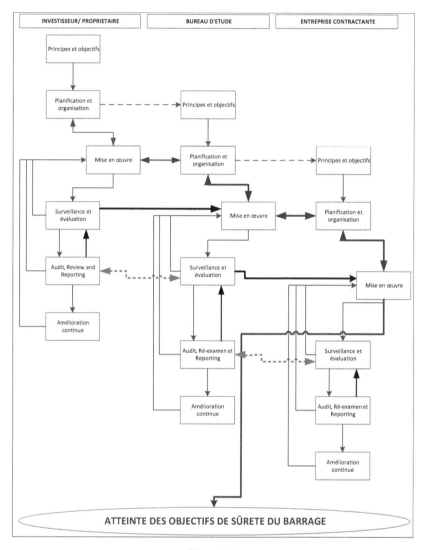

Figure 4.3
Dispositions du système de gestion pour assurer la sécurité des barrages lors de leur réalisation

Les principaux objectifs de l'investisseur/propriétaire sont de sécuriser les produits et services fournis par le barrage d'une manière économique viable et responsable. L'équilibre à trouver entre la posture responsable et l'atteinte de l'efficacité économique fait partie des valeurs de l'investisseur/ propriétaire qui sont couramment de nos jours exposés dans une charte de responsabilité sociale d'entreprise. Ces valeurs constituent des données d'entrée et façonnent le fonctionnement du système de gestion. Cependant, ces objectifs influencent significativement le contexte d'autres aspects relatifs au projet. La charte d'entreprise de responsabilité sociale incarnera souvent la manière dont certaines influences et contraintes externes sont prises en compte par l'entreprise.

Dans le cadre de ce bulletin, on estime que l'investisseur/propriétaire, le bureau d'étude et l'entreprise contractante disposent tous d'une charte interne de responsabilité sociale d'entreprise.

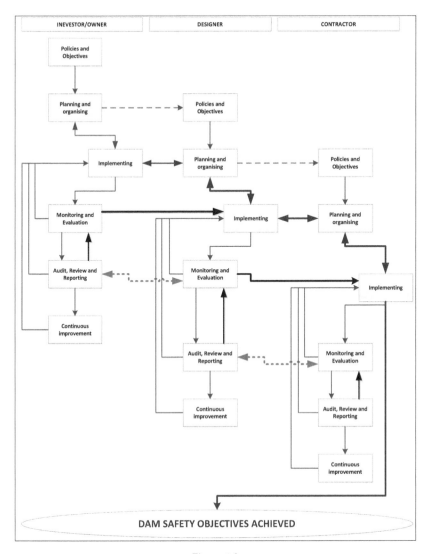

Figure 4.3
Management System Arrangements to Achieve Dam Safety in Implementation

The principal objectives of the Investor/Owner pertain to securing the products and services provided by the dam in a responsible and economically viable way. The balance between acting responsibly and achieving economic efficiency are a matter of the Owner/Investor's values as typically set out nowadays in a Statement of Corporate Social Responsibility. These values are inputs to and fashion the operation of the management system. However, they significantly influence the context for the rest of the development initiative. The Statement of Corporate Social Responsibility will often embody consideration of how some of the external influences and constraints are accommodate by the corporation.

For the purposes of this Bulletin it is assumed that the Investor/Owner, the Designer and the Contractor all have some form of statement of Corporate Social Responsibility.

4.3. ATTEINDRE LES OBJECTIFS DE SÉCURITÉ DU BARRAGE À TRAVERS UN SYSTÈME DE GESTION INTÉGRÉ

Il ressort clairement de la Figure 4.3 que les objectifs de sécurité sont atteints à travers les étapes de mise en œuvre de chacun des systèmes de management concernés. La **Figure 4.3** s'applique pour le développement de nouveaux barrages et la rénovation des barrages existants nécessaire suite au vieillissement ou pour des améliorations significatives de la sécurité.

Les facteurs contribuant à la sécurité peuvent être caractérisés ainsi :

- L'investisseur/propriétaire rend « possible » en ceci qu'il fournit les exigences (vision) et les ressources pour atteindre les objectifs de sécurité.

- La contribution du concepteur est « transformationnelle » en ceci qu'il transforme des attributs qualitatifs et parfois quantitatifs, et les objectifs de performance, en directives opérationnelles. L'objectif du concepteur est de concevoir un projet qui satisfasse les exigences de sécurité, les critères et standards acceptables de l'industrie avec un niveau de conservatisme nécessaire pour minimiser les risques à des niveaux acceptables et tolérables.

- La contribution de l'entreprise contractante est « productive » en ceci qu'elle produit des attributs et des caractéristiques de performance de sécurité tangibles dans la mesure où les directives du concepteur deviennent des produits de sortie concrets. L'objectif de l'entreprise contractante est de matérialiser les principes de conception du concepteur. Il est bien de la responsabilité du propriétaire/concepteur de maintenir un contrôle qualité et un programme d'inspections adéquates pour garantir que les principes de conception sont satisfaits.

4.4. CONCRÉTISATION DES OBJECTIFS EN ACTIONS

L'investisseur / propriétaire a été décrit ci-dessus comme l'entité qui rend possible le projet. Cependant cette caractéristique ne concerne pas seulement la sécurité mais s'applique à tous les aspects du nouvel aménagement ou, dans le cas d'un projet d'amélioration de la sécurité des barrages, au processus de réhabilitation. Les objectifs de sécurité sont intégrés aux objectifs généraux du projet. Ces objectifs généraux d'un projet de barrage sont rarement uniques. Un projet de barrage peut en effet couvrir des objectifs variés :

- Gestion de la ressource en eau

- Production d'énergie

- Performance pendant et après des événements naturels sévères

- Performance opérationnelle, fiabilité et sécurité

- Performance environnementale

- Contribution à la communauté

- Adaptation de la conception aux contraintes.

Pour le concepteur, ces objectifs peuvent être exprimés en termes « d'Exigences Fonctionnelles Fondamentales » (EFF) qui jouent un rôle pivot dans la réussite du projet du barrage et « d'Exigences Fonctionnelles » (EF) qui permettent l'atteinte des exigences fonctionnelles fondamentales ou qui sont des fonctions indépendantes qui contribuent directement à un ou plusieurs des objectifs du projet.

4.3.   DELIVERING DAM SAFETY OBJECTIVES THROUGH AN INTEGRATED MANAGEMENT SYSTEM

It is clear from Figure 4.3. that the safety objectives are realized (delivered) through the implementation steps of each of the management systems involved. **Figure 4.3** applies to the development of new dams and to the upgrading and renewal of existing dams as can be required by the ageing process or by major dam safety improvements.

The contributions to safety can be characterized as follows:

- The Investor/Owner's contribution is "enabling" in that it provides the demands (vision) and the resources to achieve the safety objectives.

- The Designer's contribution is "transformational" in that it transforms qualitative and sometimes quantitative attributes and performance objectives into actionable directions. The Designer's objective is to design a project that satisfies safety requirements and criteria and acceptable industry standards and be conservative to the degree necessary to minimize risks to tolerable and acceptable levels

- The Contractor's contribution is "productive" in that it produces tangible safety performance attributes and features in terms of the Designer's directions which become realized outcomes. The contractor's objective is to achieve the design intent of the Designer and it is the owner/Designer responsibility to maintain an adequate construction quality control and inspection program to make certain that the design intent is satisfied.

4.4.   TRANSFORMATION OF PROJECT OBJECTIVES INTO IMPLEMENTABLE ACTIONS

The Investor/Owner's role in securing dam safety has been described above as "enabling". However, this enabling attribute does not only apply to safety it applies to all aspects of the new development or in the case of a major dam safety improvement project, the renewal process. The safety objectives are built in to the overall objectives of the project. These overall objectives of a dam development are typically varied and rarely are they singular. A dam development may cover several objectives as follows:

- Water management

- Power generation

- Performance during and after severe natural events

- Operational performance, reliability and safety

- Environmental performance

- Community contributions

- Accommodate constraints in the design.

Working with the Designer, these objectives can be expressed in terms of "Key Capability Requirements" (KCR) that play a pivotal role in the success of the dam development and "Capability Requirements" (CR) that support the delivery of the key capability requirements or are stand-alone capabilities that contribute directly to one or more of the objectives.

Ces « exigences fonctionnelles fondamentales » peuvent être par exemple : gérer le barrage en crue, conserver la maîtrise après un séisme. Ces exigences fonctionnelles peuvent être structurées comme illustré à la Fig. 4.4. De toute évidence, les exigences fonctionnelles relatives à la « gestion de l'eau » et aux « événements extrêmes » concernent la sécurité.

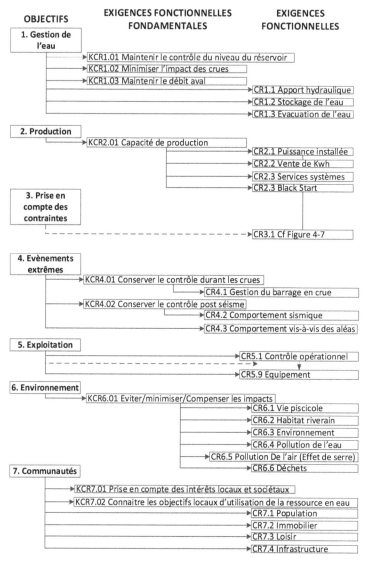

Figure 4.4
Exigences fonctionnelles fondamentales

Les caractéristiques opérationnelles de ces exigences peuvent également être décrites (Figure 4.5)

These "key capability requirements" (KCR) of which there will be several could include for example: Maintain Control During Floods and Maintain Control Post-Earthquake. These key capability requirements and subsidiary capability requirements can be structured as illustrated in **Figure 4.4.** Clearly, the key capability requirements relevant to "Water Management" and "Extreme Events" have dam safety dimensions.

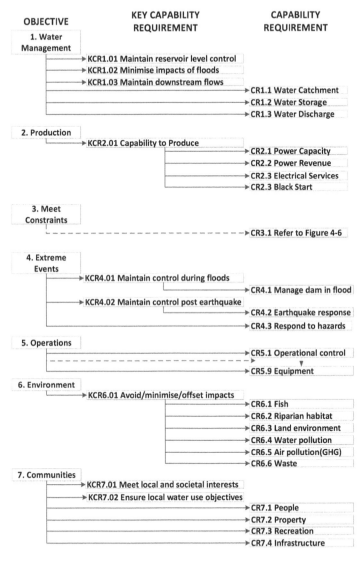

Figure 4.4
Key Capability Requirements and Capability Requirements

The operational characteristics of these requirements can also be described **(Figure 4.5)**.

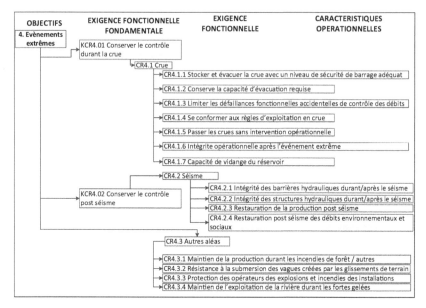

Figure 4.5
Caractéristiques des exigences fonctionnelles pour les événements extrêmes

En plus de l'accent traditionnel mis sur capacité du barrage à résister aux événements extrêmes et être stable pour des sollicitations courantes et exceptionnelles, la question de la sécurité en exploitation fait l'objet d'une attention accrue ces dernières années. Ces questions d'intégrité opérationnelle peuvent être représentées de la même manière par des exigences « opérationnelles » (Fig. 4.6).

Il ressort clairement de la Fig 4.6 qu'il existe de nombreux aspects de sécurité d'exploitation hydraulique des barrages et des réservoirs qui doivent être pris en compte dans le processus d'exploitation global. Vu sous cet angle, la sécurité ne peut pas être séparée de l'exploitation.

Le processus systématique de transformation des objectifs du projet en caractéristiques opérationnelles qui doivent être intégrées dans la conception et la construction du barrage fournit un moyen d'établir une compréhension commune entre l'investisseur/propriétaire et le concepteur quant à la façon dont tous les objectifs du projet, y compris ceux concernant la sécurité peuvent être représentés et atteints. Ces exigences fonctionnelles fondamentales, exigences fonctionnelles et caractéristiques opérationnelles doivent être développées systématiquement et être ensuite intégrées dans les systèmes de gestion de la sécurité (SGS) de l'investisseur / propriétaire, du concepteur et de l'entrepreneur. Bien que ces caractéristiques opérationnelles soient générales et qualitatives, elles fournissent une base au concepteur pour les traduire en principes d'ingénierie et pour le choix des critères chiffrés de conception.

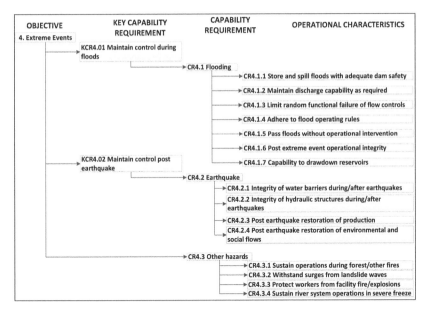

Figure 4.5
Extreme Event Characteristics of Capability Requirements

In addition to the traditional focus on the adequacy of the structural capacity of the dam to withstand extreme events and have adequate stability under common and infrequent loading conditions, the matter of operational safety has gained increased attention in recent years. These matters of operational integrity can be represented in a similar way in "operational" capability requirements (Figure 4.6).

It is clear from Figure 4.6 that there are many safety aspects of the hydraulic operation of dams and reservoirs that must be accommodated in the overall operation process. When viewed in this way, safety cannot be isolated from operations and treated separately.

The systematic process of transforming project development objectives into operational features that are to be embedded in the design and construction of the dam provides a means of establishing a common understanding between Investor/Owner and the Designer as to how all of the objectives of the development including all of the safety objectives can be represented and achieved. These systematically developed Key Capability Requirements, Capability Requirements and Operational Characteristics can then be embedded within the management systems of the Investor/Owner, the Designer and the Contractor. While these operational characteristics are general and qualitative, they provide a basis for the Designer to transform them into engineering objectives including engineering principles and quantitative design criteria.

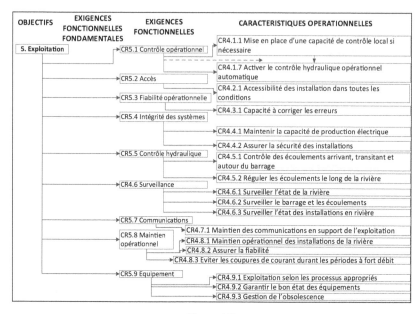

Figure 4.6
Exigences fonctionnelles pour l'exploitation

La conception du barrage doit également tenir compte des contraintes qui peuvent parfois avoir un impact négatif sur les objectifs de sécurité (Figure 4.7).

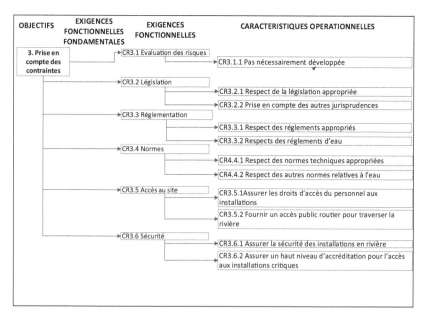

Figure 4.7
Caractéristiques opérationnelles pour respecter les contraintes

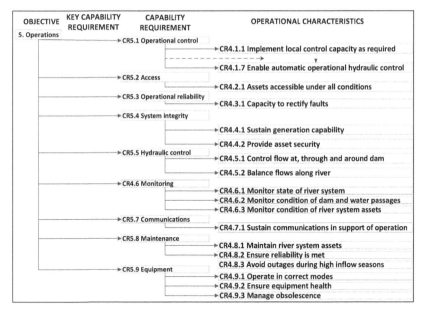

Figure 4.6
Operational Characteristics of the Capability Requirements for Operation

The design of the dam must also accommodate constraint and sometimes these constraints might adversely influence the safety objectives (Fig. 4.7).

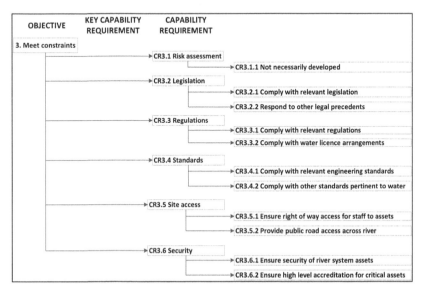

Figure 4.7
Operational Characteristics of Constraints on a Dam Development

La connaissance des caractéristiques opérationnelles des contraintes permet d'identifier les domaines où ces contraintes améliorent la sécurité ou y contribuent, et celles où elles pourraient être en contradiction avec les objectifs de sécurité.

4.5. RÔLE DU PROPRIÉTAIRE/INVESTISSEUR DANS L'ATTEINTE DES OBJECTIFS DE SÉCURITÉ

4.5.1. Objectifs généraux

L'investisseur / propriétaire identifiera a minima les objectifs principaux de sécurité du barrage au début du projet. En premier lieu l'objectif en matière de sécurité pourrait être simplement d'énoncer que le barrage devrait être « sûr ». D'autres objectifs peuvent émerger aux toutes premières étapes du projet. Comme indiqué ci-dessus, on peut s'attendre à ce que l'investisseur / propriétaire ait une politique ou une déclaration avec un haut niveau d'engagement sur la politique de sécurité de son barrage. À moins que l'investisseur / propriétaire ait une compétence en conception de barrage, l'une de ses premières décisions, en association avec le concepteur, consistera à déterminer si la « sécurité » est un objectif en tant que tel ou bien un attribut d'un projet bien conçu et construit et exploité de manière appropriée. Une politique de sécurité doit être établie dès le départ et être communiquée à tous par le plus haut niveau hiérarchique de l'entreprise du propriétaire.

Les modèles décrits ci-dessus associent des objectifs de sécurité (événements extrêmes) et d'autres objectifs concrets de sécurité (par exemple, pendant l'exploitation ou vis-à-vis des contraintes réglementaires). En pratique, des événements extrêmes, ainsi que des événements intermédiaires entre des situations normales et extrêmes, pourraient être pris en compte dans les consignes d'exploitations. Cela peut aussi être exigé par la réglementation. Il n'existe aucune règle stricte concernant la manière dont ces dispositions d'exploitation visant à garantir la sécurité sont établies. Cependant, l'engagement de l'investisseur / propriétaire en faveur de la sécurité des barrages doit être garanti quel que soit le système de gestion choisi. Cet engagement en matière de sécurité et la capacité d'atteindre les objectifs du projet doivent inclure la capacité à s'adapter aux modifications des coûts du projet pendant la conception et la construction.

La réalisation des objectifs de sécurité ne se limite pas à l'établissement d'objectifs et aux actions mises en œuvre décrites ci-dessus, il convient de prendre en compte l'importance des aspects organisationnels tels que : la culture de sécurité des investisseurs / propriétaires; les facteurs humains; la solidité financière de l'organisation; la capacité à sélectionner un concepteur qualifié; l'approche de la gestion de projets et la gestion des changements survenant au cours des phases de pré-exploitation; l'assurance de la qualité; l'engagement d'assurer la transition entre les phases de pré-exploitation et les phases d'exploitation sans temps mort et sans perte d'information, ainsi que la gestion des dossiers, dont l'archivage de toute la documentation de conception et de construction.

Toutes les capacités requises pour atteindre ce qui précède doivent être définies dans les politiques et les objectifs, ainsi que dans les étapes de planification et d'organisation du système de gestion de la sécurité de l'investisseur / du propriétaire. Ils sont transformés en actions ou deviennent des supports d'actions lors de la phase de mise en œuvre du système de gestion de la sécurité.

Revealing the operational characteristics of the constraints provides a means to identify areas where the constraints compliment safety or contribute to safety, and where they might be at variance with the safety objectives.

4.5.   ROLE OF THE OWNER/INVESTOR IN SECURING THE SAFETY OBJECTIVES

4.5.1. *Overall objectives*

The Investor/Owner will typically identify at least the primary objectives for the dam development at the outset. Initially, the objective with respect to safety could be simply as statement that the dam should be "safe". Other objectives may emerge at the very early stages of the planning process. As discussed above, the Investor/Owner can be expected to have a high level policy or position statement on safety. Unless the Investor/Owner has dam design capability, one of the early decisions by the Investor/Owner in association with the Designer will be whether or not "safety" is a "stand alone" objective, or an attribute of an appropriately designed, constructed and operated dam development. A "safety philosophy" needs to be established at the outset and made known to all from the top level of the Owner's company.

The models described above have a mix of identified safety objectives (extreme events) and safety embedded within other tangible objectives of the development (e.g. operations or regulatory constraints). In reality extreme events, as well as events between normal and extreme, could be embedded within the Operations and may be required under the regulatory regime. Thus, there are no hard and fast rules concerning how these management arrangements to secure safety are established. However, the Investor/Owner's commitment to dam safety must be secured regardless of the way the management arrangements are structured to achieve it. This commitment to safety and the capacity to achieve the project objectives must include the capacity to accommodate changes in the costs of the project both as the design evolves and as the construction progresses.

Achievement of the safety objectives is not restricted to establishing objectives and implementation actions as set out above, there are important organizational attributes to consider such as; the Investor/Owner's safety culture; human factors; the financial strength of the organization; the capability to select an appropriately qualified Designer; the approach to managing projects and the management of changes that arise during the pre-operational phases; the approach to quality assurance; the commitment to seamless transition through the pre-operational phases into the operational phases, and records management including securing complete design and construction documentation.

All of these capabilities required to achieve the above must be established in the policies and objectives and the planning and organizing stages of the Investor/Owner's management system. They are transformed into actions or become action supporting attributes in the Implementation stage of the management system.

4.5.2. Responsabilité du propriétaire

Le propriétaire a la responsabilité ultime d'assurer la continuité et la traçabilité dans le déroulement de son projet de barrage. Il doit s'assurer qu'un contrôle indépendant est également effectué, en particulier lors des phases de conception et de construction. Ces exigences (voir 3.3) sont essentielles au développement optimal et sécuritaire du projet.

Par conséquent, le propriétaire doit demander que le même concepteur soit en charge de suivre le projet depuis le début (ou du moins depuis l'étude de faisabilité) jusqu'à la phase de construction et à la mise en service. Cependant, en raison de diverses contraintes de temps et d'organisation, cela n'est parfois pas possible. Dans ce cas, le propriétaire doit demander qu'une documentation interne complète, comprenant également des faits ou des éléments « cachés », soit établie à la fin de chaque phase, pour être utilisée lors de la prochaine phase du projet.

Le propriétaire doit demander des revues indépendantes régulières de la conception et à chaque fois que des décisions importantes relatives à la sécurité doivent être prises. Des audits indépendants peuvent être assurés au sein des entreprises des Concepteurs et des Entrepreneurs, mais il est préférable de faire appel à un panel d'experts indépendant. Il incombe au propriétaire de s'assurer que le contrôle de la qualité est efficace et qu'il ne s'agit pas uniquement d'une tâche de routine peu prioritaire.

Le propriétaire doit veiller à ce qu'une liaison permanente soit établie entre les personnels concernés par les différentes étapes du développement du projet, afin que chaque équipe « métiers » et unité organisationnelle concernée connaisse et comprenne les activités des autres. Cette coordination doit faire l'objet d'une attention constante pour que des mesures efficaces soient prises.

4.5.3. Responsabilité et tâches pendant la phase de conception

Habituellement, le propriétaire fait appel à un concepteur pour réaliser les études de conception, établir des documents techniques pour l'entrepreneur, analyser les performances du barrage pendant la construction, suivre le remplissage du réservoir et interpréter le comportement du barrage à un moment où suffisamment de données d'instrumentation ont été collectées. Étant donné que les cinq premières années après la première mise en eau de la retenue sont très importantes pour déterminer la sécurité du barrage, la responsabilité du suivi et de l'interprétation des données d'auscultation et de surveillance doit être anticipée. Le rôle du propriétaire dans la validation des résultats doit être défini dès le départ. Certains propriétaires disposent de compétences de conception en interne à l'entreprise. Dans ce cas, la relation entre le « propriétaire » et son « ingénierie interne » doit être formalisée de manière à ce que les responsabilités et les tâches respectives de chacun soient clairement identifiées. Les rôles et les responsabilités d'un propriétaire et d'un concepteur sont différents et ne doivent pas être fusionnés.

4.5.2. General responsibility of the Owner

The Owner has the ultimate responsibility for ensuring *continuity* and *traceability* in the development of his dam project. He has to make sure that an *independent checking* is also performed, especially at the detail design and construction phases. These requirements (see 3.3) are essential to an optimal and safety conscious development of a project.

Hence the Owner must make it possible that the Designer in charge can follow the project from the very beginning (or at least from the feasibility study on) to the construction phase and to commissioning. It is understood that due to various time and organizational constraints this is often not possible. In this case the Owner must ask that a complete internal documentation, that includes also "hidden" facts or items, be established at the end of each phase to be available in the next project phase.

The Owner must ask for regular independent reviews of the design and at each time when important decisions involving dam safety are to be taken. Independent reviews can be ensured inside the Designer and Contractor organizations, but more preferably by an independent panel of experts. It is the duty of the Owner to make sure that the quality control is effective and not carried out only as a low priority routine task.

The Owner must ensure that continuous liaison is established among the personnel concerned with the various stages of project development so that each concerned discipline and organizational unit knows and understands the activities of the others. This coordination must be given constant attention to be sure that effective action is being taken.

4.5.3. Responsibility and tasks during design phase

Usually the Owner contracts a Designer to perform the design studies, establish technical documents for the Contractor, and analyse the dam performance during construction, reservoir first filling and beyond impounding to a point in time where enough instrumentation data has been collected to review the "safety objectives" of the project. Since the first five years are very important in determining the performance of a new dam, the responsibility for monitoring and interpreting the performance data should be clearly defined and the Owner's role in accepting the results should be defined at the outset. Some Owners have in-house design capabilities which are then in charge of these tasks; in this case, the relation between the "Owner" and his internal "Designer" should be formalized in a way that respective responsibilities and duties are clearly identified. The roles and responsibilities of an Owner and of a Designer are different and should not be merged.

Les *études préliminaires* sont parfois effectuées par les propriétaires seuls, mais assez souvent avec l'aide d'un consultant. Les questions de sécurité sont déjà importantes à ce stade et le rapport final de ces études préliminaires doit inclure les aspects liés à la sécurité du barrage. A ce stade, il est habituel (et c'est une bonne pratique) que plusieurs options soient étudiées. Le rôle du propriétaire est alors de sélectionner l'option optimale pour son entité, généralement en termes coûts/bénéfices, de temps de construction, d'impact sur l'environnement et de coûts d'exploitation. Les aspects de sécurité sont intégrés aux options de conception mais ne sont pas souvent clairement affichées. Par conséquent, le propriétaire doit demander au concepteur d'identifier les niveaux de sécurité de chaque option afin qu'il puisse prendre sa décision en toute connaissance de cause. Cette décision et le raisonnement qui la sous-tend doivent être justifiés.

Les *études de faisabilité* et *de conception détaillée* peuvent être réalisées par un concepteur différent de celui choisi pour les études préliminaires. Néanmoins, il est préférable que le même concepteur soit en charge de ces deux étapes pour des raisons de continuité. Les rôles du propriétaire au cours de ces études sont les suivants :

- Établir un planning général du projet, demander au concepteur de rédiger des rapports périodiques sur les aspects de sécurité et définir des jalons lorsque des décisions importantes doivent être prises (configuration générale, type de barrage et d'évacuateur de crue, appels d'offres et passation de marchés, etc.);

- Mandater un panel d'experts indépendants pour donner un avis sur les travaux proposés et le programme de réalisation. Les divergences d'opinion avec le concepteur doivent être discutées et signalées au propriétaire, qui déterminera ensuite comment les résoudre;

- Exiger le respect des réglementations nationales et des règles propres au propriétaire (le cas échéant). Demander au concepteur de choisir et de justifier les normes techniques et les critères qui seront utilisés pour la conception.

- Veiller à ce que la surveillance et l'auscultation du barrage soient mises en œuvre dès les premières étapes de la construction et que le concepteur soit responsable de développer des consignes de surveillance et de maintenance applicables pendant la construction, le premier remplissage et les phases d'exploitation.

- Participer aux inspections du site du barrage pendant les reconnaissances.

- Planifier des audits externes périodiques.

- Élaborer un plan d'alerte à mettre en place pendant la construction, le premier remplissage et l'exploitation du barrage.

En fonction de l'importance des projets, d'autres acteurs sont impliqués dans cette phase de conception :

- Dans les pays dotés d'une réglementation stricte, l'autorité responsable doit être informée des choix techniques et son accord formel est obligatoire.

- Les parties prenantes (banques, investisseurs, etc.) et / ou les actionnaires et / ou le public demandent des informations et peuvent parfois influer sur les choix techniques d'un projet, mais cela devrait se faire sans compromettre les "objectifs de sécurité".

Preliminary studies are sometimes carried out by Owners alone, but quite often with the help of a consultant. Safety issues are already important at this stage and the final report of these preliminary studies must include the dam safety aspects. At this stage it is usual (and a good practice) that several options are developed. The role of the Owner is then to select the optimal option for his organization, generally in terms of benefit/cost ratio, construction time, environmental impact and operational economy. Safety aspects are imbedded in the design options but often not clearly displayed. Therefore, the Owner must ask the Designer to identify the safety levels of each option so that he can make its decision on a safety informed way. This decision and the reasoning supporting it must be documented.

Feasibility studies and *detailed design* can be performed by a different Designer than the one chosen for the preliminary studies, but it is important that the same Designer is in charge of these two stages, for continuity reasons. The Owner roles during these studies are:

- Set up a general agenda for the project, request periodical reports from the Designer with safety aspects being developed, and some stop and go key points when important decisions have to be taken (general layout, dam and spillway type, tendering and contracting, etc.),

- Appoint an Independent Panel for providing input to work proposed and scheduled. Differences of opinion with the Designer shall be discussed and brought to the Owner which will then determine how to resolve the issues,

- Require compliance with the State/Country regulations, the Owner own regulation (when it does exist), and request the Designer to choose and justify technical standards and criteria which will be used for the design,

- Ensure that dam surveillance is set up at the early stage and that the Designer is in charge of developing surveillance and maintenance procedures to be used during construction, first filling and operational stages,

- Participate to dam site inspections during investigations,

- Plan periodical external audits,

- Develop an Emergency Action Plan to be in place during construction, first filling and operation of the dam.

According to the importance of the projects, other actors are involved in this design phase:

- In countries with a strong regulation the agency in charge requires to be informed of the technical choices and its formal agreement is mandatory.

- Stakeholders (banks, investors, etc.) and/or shareholders and/or public ask for information and sometimes may influence the technical choices of a project, but this should occur without jeopardizing the "safety objectives".

4.5.4. Responsabilité et tâches pendant les phases de construction et de mise en service

Phase des travaux : Au début des travaux le propriétaire doit mettre en place une entité de *supervision sur le site*. Le propriétaire peut assumer cette tâche avec son propre personnel, ou s'appuyer sur le concepteur pour le faire, ou avoir une équipe mixte composée de personnel des deux côtés. Pour les petits projets, cette fonction peut être exercée par une seule personne (le superviseur), mais sur des projets de grands barrages, une équipe d'ingénieurs dirigée par un professionnel expérimenté (le superviseur en chef) doit superviser les activités de construction. Cette équipe sera chargée du suivi des contrats de construction et de fourniture, du contrôle de la bonne exécution des travaux et de la conformité aux exigences. Le superviseur en chef doit avoir le contrôle administratif et technique de toutes les ressources nécessaires, dans le but d'aboutir à la construction d'un barrage sûr. Il est essentiel que le personnel responsable de la supervision connaisse les données et hypothèses sur lesquelles la conception est basée (cas de charge, caractéristiques de la fondation et des matériaux, etc.) et la relation entre ces données et les critères de la conception.

Le propriétaire et le concepteur doivent ensemble mettre en place des programmes d'inspection spécifiques, notamment des inspections fréquentes et obligatoires pendant la construction, pour vérifier que les conditions du site sont conformes à celles supposées lors de la conception ou pour déterminer si des modifications de conception sont nécessaires pour s'adapter aux conditions réelles du site. Par exemple, une exigence majeure consiste à inspecter les fouilles du barrage et à autoriser la construction du barrage après avoir considéré qu'elles étaient suffisamment bien traitées. Il arrive assez souvent que les conditions de chantier diffèrent de celles envisagées lors de la conception : les cas les plus fréquents concernent des conditions géologiques médiocres et des conditions météorologiques/hydrologiques inattendues. Les glissements de terrain, les caractéristiques des matériaux de carrières ou des zones d'emprunt, les conditions hydrologiques dépassant la débitance prévue par la galerie de dérivation etc. peuvent également être rencontrées. Les équipes de conception doivent être impliquées dans la détermination de leurs conséquences, ce qui peut entraîner des modifications de conception plus ou moins importantes. Le propriétaire doit accepter formellement ces modifications et doit demander que ces dernières permettent de garantir un niveau de sécurité de l'ouvrage équivalent. Enfin, les modifications de conception et leurs justifications doivent être soigneusement documentées. Lors de la revue de fin de la construction, les manuels et procédures de surveillance, d'auscultation et d'essais des matériels d'exploitation doivent être disponibles pour examen.

La conception ne peut jamais être considérée comme terminée tant que le barrage existe et est exploité. La conception se poursuivra donc pendant toute la phase d'exploitation. Il faut donc planifier l'installation d'instruments d'auscultation pendant la construction (et / ou plus tard pendant l'exploitation) afin d'appréhender les conditions susceptibles de menacer la sécurité du barrage. La tâche de conception comprend l'établissement des objectifs de l'auscultation et comprend le développement des procédures pour la collecte des mesures, leurs traitements et l'interprétation de ces mesures en temps voulu. La définition des seuils ou des taux d'évolutions limites lors des relevés des mesures d'instruments jugés critiques, ainsi qu'un plan d'actions en cas de dérive importante ou de dépassement de ces seuils doivent être définis à ce stade.

4.5.5. Performance contre sécurité dans le développement de projets de barrages

Un projet tel que la construction d'un barrage peut être couronné de succès même si les dispositions prises en matière de gestion du projet n'ont pas permis de respecter les coûts ou le planning, introduits dans la section 4.1 ci-dessus et les différentes évaluations des risques potentiels, introduits dans la section 3.5. Ce que l'on entend par « performance du projet » doit donc être clairement défini et convenu dès le départ entre le propriétaire / l'investisseur, le concepteur et l'entrepreneur. Et cela doit être correctement pris en compte dans les dispositions contractuelles relatives à la construction du projet de barrage.

4.5.4. Responsibility and tasks during construction and commissioning phases

Construction Phase: At the outset of the construction the Owner shall establish a *site supervision* unit. The Owner can assume this task with its own personal or rely on the Designer to do it, or have a mixed team with personal from both sides. For small project this function can be exerted by one person (the Supervisor), but at large dam sites a team of engineers under the lead of an experienced senior professional (the Chief Supervisor) has to supervise construction activities. This team will be responsible for administering construction and supply contracts, for checking correct execution of the design features and assuring compliance with the specifications. The Chief Supervisor shall have the administrative and technical control of all resources required for accomplishing a safe construction of the dam. It is essential for the site supervision personal to know the conditions (load cases, assumed foundation and material characteristics, etc.) upon which the design is based and the relationship between these conditions and the design features.

The Owner and the Designer together shall set up specific inspection programs including frequent and mandatory inspections during construction to confirm that site conditions are conform to those assumed for design or to determine if design changes may be required to suit the actual conditions. For instance, a major requirement consists in the inspection and approval of the dam foundation before placing dam materials. It rather often happens that during construction site conditions are different from those that had been assumed at the design stage: unexpected foundation quality and weather conditions are the most frequent cases, but landslides, material characteristics from quarries or borrow pits area, floods exceeding diversion tunnel capacity etc. can also been encountered. Design personnel must be involved in determining their effects and these can lead to more or less substantial design changes. The Owner shall formally agree to these changes and must request that the rationales of these changes always take into account their impact on safety. Finally, the design changes and the justification for the decision taken must be carefully documented. At the end of construction, the final inspection shall include a complete program for surveillance and testing of operating equipment.

The design function can never be considered finished as long as a dam stands and will be operated; design involvement will thus continue throughout operation of the project. It includes responsibility for planning any dam instrumentation to be installed during construction (and/or later on during operation) to monitor conditions that could potentially threaten dam safety. The design shall identify the purpose of the instrumentation, and include the plans for timely reading, collecting, reducing, and interpreting the data. It shall include an advance determination of critical instrument observations or rates of data change, and a plan of action if observations indicate that a critical condition may occur.

4.5.5. Project performance vs. dam safety in the development of dam schemes

That a project such as a dam scheme can be successful even though the project management arrangements did not succeed in controlling say cost or schedule was introduced in 4.1 above and the different dimensions of risk that exists in dam development schemes was introduced in 3.5. These factors mean that what is meant by "project performance" must be clearly set out and agreed between the Owner/Investor, the Designer and the Contractor at the outset and be properly represented in the contractual arrangements for the development of a dam scheme.

Les enjeux de sécurité à prendre en compte dans les phases de pré-exploitation et lors des phases de construction sont :

- Sécurité des travailleurs et des lieux de travail;

- Sécurité structurelle et d'exploitation des ouvrages provisoires : dérivation provisoire, batardeaux;

- Sécurité structurelle et d'exploitation de la structure pendant les phases de construction;

- Sécurité structurelle et d'exploitation lors du premier remplissage et la mise en service;

- Gestion des exigences à long terme de la sécurité du barrage.

Vus sous cet angle, les activités et les exigences liées à la sécurité des barrages relèvent à la fois du paradigme de la gestion de la sécurité pendant la conception (aspects structurels) et du paradigme de la gestion de la sécurité pour la phase exploitation. Le concepteur du projet de barrage doit prendre en compte toutes ces deux aspects. De même, le concepteur des ouvrages temporaires et en particulier ceux de la dérivation provisoire, qui est habituellement un prestataire de l'entrepreneur, devraient prendre en compte les conséquences que ces ouvrages temporaires peuvent avoir sur les ouvrages permanents. En effet, il se peut que des parties des ouvrages temporaires soient intégrés dans des ouvrages permanents, comme une partie du batardeau qui formeraient le pied amont d'un barrage en remblai.

Le type de contrat de construction aura une influence sur l'équilibre entre la performance du projet et la sécurité du barrage, qu'il s'agisse de la sécurité du barrage pendant la construction ou pendant la phase d'exploitation. Mesurer la performance du projet sur la base d'un critère basé sur le coût est souvent utilisé comme incitation à l'amélioration de la productivité pendant la construction mais de telles incitations, si elles ne sont pas soigneusement formulées, peuvent avoir un effet négatif sur la sécurité du barrage, en particulier à long terme pendant la phase d'exploitation. De même, un déséquilibre entre les conceptions des ouvrages temporaires et celles des ouvrages définitifs peut influer sur la sécurité du projet. Les objectifs financiers et les objectifs de calendrier pour la gestion du projet doivent être structurés de manière à prendre en compte de manière appropriée les objectifs de sécurité du barrage pendant et après la construction. Par conséquent, il peut exister des tensions entre l'approche axée sur le projet de construction et celle sur l'exploitation future du barrage. Cette problématique apparait généralement au fur et à mesure que la construction avance.

La sécurité des ouvrages provisoires pendant la phase de construction doit être analysée du point de vue du dimensionnement hydraulique, en particulier le batardeau et la galerie ou le canal de dérivation. Cependant, le dimensionnement de ces ouvrages provisoires peut également affecter le calendrier de construction des ouvrages permanents, ce qui peut à son tour affecter la qualité de la construction (par exemple, le rythme de mise en œuvre et le compactage d'un remblai). L'intégration d'un batardeau dans le pied amont d'un barrage en remblai est un autre cas où la performance à long terme du corps du barrage sera influencée par la conception et la construction des ouvrages provisoires. De même, on peut s'attendre à ce que l'intégration d'un tunnel de dérivation dans les ouvrages permanents ait un impact sur la sécurité en exploitation du barrage.

Outre les considérations ci-dessus, il y a des aspects dans la conception du projet qui tablent sur la capacité de l'entrepreneur à réaliser certaines tâches. De telles situations peuvent se produire lorsque les hypothèses de conception exigent que des objectifs particuliers soient atteints à différentes étapes de la construction. Ainsi, une fois que la conception demande à l'entrepreneur l'atteinte d'un objectif particulier, il n'y a pratiquement plus de possibilité de revenir en arrière.

The dimensions of safety to be considered in the pre-operational and renewal phases of a dam scheme are:

- Worker and workplace safety

- Structural and operational safety of temporary diversion and hydraulic control and works such as cofferdams

- Structural and operational safety of the permanent structure during construction

- Structural and operational safety during first filling and commissioning

- Long term dam safety management requirements

When viewed in this way, the dam safety related activities and requirements fall into both the "project" focused management paradigm and the "operations" management paradigm, and the Designer of the dam scheme must account for all of these considerations. Similarly, the designer of the temporary works and especially the designer of the diversion and hydraulic control works, who will normally be employed by the Contractor, should consider any effects that these temporary works might have on the permanent works. This is because it may well be that features of the temporary works becomes absorbed into the permanent works, such as part of a cofferdam forming the upstream toe of the main earth dam.

The type of construction contract will influence the balance between project performance and dam safety, be it dam safety during construction or in the operational phase. Measuring performance relative to the contract is often used an incentive to improve productivity during construction but such incentives, if not carefully formulated, may have an adverse effect on dam safety, particularly over the long term in the Operational Phase of the Life-cycle. Similarly, the balance between responsibility for the design of the temporary works required for construction and the design of the permanent works may influence the safety of the scheme. The financial and schedule objectives for the management of the project should be structured in a way that include proper consideration of the relationship between the during-construction and post-construction dam safety objectives. Therefore, there may be tensions between the "project" focused management approach during construction and the "operational" focus of the scheme that emerges as the construction progresses.

Dam safety as it applies to the temporary diversion works and hydraulic controls during the construction phase is best illustrated by consideration of the sizing of the diversion works, typically the cofferdam and the diversion tunnel (or canal). However, the sizing of these temporary works may also affect the construction schedule of the permanent works which in turn may affect the quality of the construction (e.g. rate of placement and compaction of fill materials). The case of the inclusion of a diversion cofferdam in the upstream toe of the permanent earthfill dam is another case where the long-term performance of the body of the dam will be influenced by the design and construction of the temporary works. Similarly, the design to include a diversion tunnel into the permanent works can be expected to influence the operational safety of the dam scheme.

Beyond the above considerations, there are some aspects of performance of the Contractor during construction and the design that are inherent to the design. Such situations can occur when design assumptions require certain construction targets to be met at different stages of the construction. Thus, once the design commits the Contractor to achieving a particular target, there is essentially no turning back.

Les conditions météorologiques peuvent avoir des conséquences négatives à la fois sur l'avancement de la construction et sur la sécurité du barrage, car non seulement elles peuvent retarder le calendrier, mais également nuire à la sécurité des ouvrages construits. C'est le cas par exemple de barrages en remblai où il y aura des levées plus humides et plus meubles dans le corps du barrage. En outre, dans les régions septentrionales ou en altitude, les conditions hivernales peuvent perturber les travaux, ce qui peut également nuire à l'avancement de la construction et à la sécurité à long terme du barrage.

Les objectifs de conception et de construction, ainsi que les risques associés, peuvent être représentés dans une matrice de risque qualitative qui identifie les sources de risques sur un axe et le stade de développement et d'exploitation sur l'autre. Le risque de défaillance pourrait également être analysé et catégorisé suivant quatre axes, par exemple : Technique; Externe; Organisationnel; et Gestion de projet avec des facteurs contributifs associés à chaque catégorie. Cependant, ces analyses « linéaires » sont insuffisantes pour traiter les retours d'expériences et les interdépendances entre la conception et la construction d'un barrage, ainsi que les interdépendances entre la performance du projet et la sécurité du barrage.

La relation entre la performance de la construction et la sécurité du barrage peut être abordée si les systèmes de gestion, et en particulier les systèmes de gestion de la sécurité du propriétaire / investisseur, du concepteur et de l'entrepreneur sont cohérents et si les activités et les attentes sont liées de manière à développer des synergies appropriées entre eux et les activités illustrées à la Fig. 4.3.

4.6.   LE SYSTÈME DE GESTION DU PROPRIÉTAIRE

4.6.1. *Politique et organisation générale*

Le propriétaire est responsable de l'élaboration et de la mise en œuvre d'une politique générale, de moyens et de procédures pour garantir une conception et une réalisation sécuritaires du barrage, et dans un second temps une exploitation sûre. Quel que soit le type de gouvernance, il est essentiel de mettre en place un système de gestion spécifique pour chaque projet de barrage.

Une entité en charge du projet de barrage doit être mise en place (fonctionnement en mode projet). Cette entité rend compte directement au responsable du propriétaire, ou à son représentant. Elle doit s'assurer que le propriétaire réalise tous les efforts nécessaires pour accroitre la sécurité du barrage via sa politique et ses pratiques. Les attributions de cette entité doivent inclure la surveillance et l'évaluation des pratiques (capacités) administratives, techniques et règlementaires du propriétaire, liées à la sécurité des barrages, pour la conception et la construction de nouveaux ouvrages ou la réhabilitation d'ouvrages existants.

Cette entité doit avoir une fonction de conseil auprès des instances dirigeantes du propriétaire. La composition et les obligations de cette entité doivent être adaptée à l'importance du projet.

L'organisation du propriétaire pour les études, la construction, l'exploitation ou la règlementation d'un projet de barrage doit être structurée de façon à ce qu'un seul responsable hiérarchique, techniquement compétent et clairement identifié, s'assure que tous les aspects liés à la sécurité, administratifs ou techniques, sont correctement pris en compte tout au long du développement du projet. Ce hiérarchique doit maintenir une continuité dans les orientations et directives, et disposer de l'autorité et des ressources nécessaires pour assurer ses responsabilités.

La direction doit s'assurer que les ressources sont en nombre suffisant et suffisamment qualifiées pour la charge de travail envisagée et que tous les plans et actions établis pour assurer la sécurité du barrage sont réalistes et respectés. En ce qui concerne l'allocation des ressources et des financements, la priorité doit être donnée aux fonctions relatives à la sécurité. Les fonctions et caractéristiques liées à la sécurité ne doivent jamais être sacrifiées dans le but de réduire les coûts, améliorer la justification du projet ou accélérer le planning.

The weather can result negative impacts to both construction performance and dam safety, as the weather can not only delay the schedule, it can also adversely affect the safety of the works constructed to date by for instance in the case of earth dams introducing a wetter and softer layer within the dam body. Further, in northern regions or at altitude, winter conditions can result freezing effects on the on-going works, which can also adversely affect construction performance and long-term dam safety.

The design objectives and the construction project objectives together with the associated risks can be represented in a qualitative risk matrix that identifies the sources of risk on one axis and the stage of the development and operation of the scheme on the other. Alternatively, a risk breakdown structure might be developed which might breakdown the risks into say four categories; Technical; External; Organizational; and Project Management with the contributing factors associated with each category listed. However, these "linear" analysis structures are insufficient to deal with the feedbacks that occur and interdependencies between design and construction in a dam development, and also the interdependencies between project performance and dam safety.

The relationship between construction performance and dam safety can be addressed if the management systems and in particular the Safety Management Systems of the Owner/Investor, the Designer and the Contractor are consistent and activities and expectations are linked in a way that develops appropriate synergies between the parties and the activities as illustrated in **Figure 4.3**.

4.6. OWNER MANAGEMENT SYSTEM

4.6.1. Policies and general organization

The Owner is responsible for the development and implementation of policy, resources and procedures for safe design and construction of the dam, and later on for its operation. Whatever the type of Ownership, it is essential to put in place a specific management system for each dam project.

A Dam Project Development Office shall be installed which reports directly to the top management of the Owner or his designated representative. This office shall ensure that the Owner, as a matter of general policy and in actual practice, makes every reasonable and prudent effort to enhance the safety of the dam. Duties of the office shall include surveillance and evaluation of the Owner administrative and technical or regulatory practices related to dam safety concerning design and construction of new dams, and rehabilitation of existing dams.

The functions of the office shall be advisory to the Owner top management. The staffing and detailed duties of the office shall be commensurate with the importance of the dams.

The Owner organization for the design, construction, operation, or regulation of a dam project shall be structured in such a way that a single identifiable, technically qualified manager has the responsibility for assuring that every single administrative and technical safety aspect of dam engineering is adequately considered throughout the development of the project. The position must have continuity of guidance and direction, and the authority and resources for ensuring that these responsibilities can be carried out.

Management shall ensure that organization staffing is sufficient and qualified for the projected workload, and that all programs necessary for the safety of dams are established, continued, and realistically funded. For allocation of manpower and funds high priority shall be given to safety-related functions. Safety-related functions and features must not be sacrificed to reduce costs, improve project justification, or expedite time schedules.

4.6.2. Rôle de la surveillance et du contrôle

La surveillance et le contrôle prévalent sur tous les autres aspects du projet et, comme pour les autres caractéristiques du système de gestion global, ils sont différents selon les activités du projet. Les rôles et responsabilités de chacun des acteurs sont également différents, et il est impératif qu'ils soient clairement définis. La surveillance et le contrôle peuvent être considérés comme le processus de contrôle qualité que chaque acteur établit pour s'assurer que son travail est conforme aux spécifications du projet. Trouver un juste équilibre entre les activités de surveillance et de contrôle et les activités de mise en œuvre est aussi important que de trouver le juste équilibre des activités de surveillance et de contrôle entre les différents acteurs. Dans la mesure où le contrôle requiert à la fois des informations, des analyses et des décisions, il est important d'établir des paramètres et des principes pour sécuriser les objectifs de sécurité. Établir correctement ces dispositions pour le système de gestion de chacun des acteurs, préalablement au passage d'une phase du projet à la suivante, est important car ces dispositions ne doivent pas être remises en cause par des dispositions contractuelles concernant ces activités de surveillance et de contrôle.

Dans les projets d'envergure tels que les barrages ou les grands travaux de génie civil, la surveillance et le contrôle des activités de l'un des acteurs sont souvent exercés soit en association soit en parallèle de celles d'un autre acteur. C'est cette dernière approche qui est généralement retenue dans les projets d'aménagement de barrages, en particulier durant la phase de travaux.

La surveillance et le contrôle sont essentiels pour le propriétaire dans la mesure où ce sont les meilleurs moyens pour lui de vérifier que son projet est en bonne voie sous différents aspects (financier, économique, environnemental, etc...) et enfin et surtout sous les aspects sécurité. La surveillance doit consister en un suivi permanent des activités de conception, depuis les études préliminaires jusqu'au projet de construction et à la mise en œuvre.

- En phase *d'études détaillées*, lorsque toutes les caractéristiques du projet de barrage deviennent mieux définies, il est recommandé d'effectuer une vérification générale de la conception. Cette dernière peut être réalisée avec l'appui d'un panel d'experts externe (voir ci-dessous). Le contrôle consiste généralement à émettre des recommandations pour améliorer certains éléments de conception, dans l'optique d'accroître la sécurité du barrage.

- La surveillance pendant la *phase de travaux* doit suivre les principes énoncés précédemment (voir 4.5.4). Le propriétaire, conjointement avec le concepteur, doit effectuer régulièrement des inspections pour s'assurer que les conditions sur le terrain sont conformes aux hypothèses de conception, ou identifier si des modifications de conception sont nécessaires pour s'adapter aux conditions réelles. Ce processus doit être mené conjointement avec les équipes de terrain, et éventuellement avec le panel d'experts. Le contrôle consistera à vérifier si certains critères peuvent être assouplis sans compromettre la sécurité du barrage ou si des mesures d'améliorations doivent être prises.

4.6.3. Rôle de l'audit, de l'évaluation et du reporting

Le recours à un panel d'experts indépendants est usuel durant les phases pré-opérationnelles d'un projet d'aménagement de barrage, que ce soit un nouvel ouvrage ou un projet de rénovation important (FEMA, 2004). Le Panel d'experts sera généralement engagé par l'investisseur ou le propriétaire pour donner un second avis d'expert et souvent pour contribuer aux phases de conception et de construction, en faisant bénéficier le concepteur de ses connaissances et de son expérience. En particulier, le panel d'experts se concentrera sur la sécurité du barrage projeté sur l'ensemble du cycle de vie de l'aménagement aussi bien que durant les phases de conception et de travaux.

4.6.2. Role of Monitoring and Evaluation

Monitoring and evaluation transcend all aspects of the project and as with other features of the overarching management system it differs according to the project activities. The roles and the responsibilities of each of the actors are also different and it is imperative that roles and responsibilities are clearly defined. Monitoring and evaluation may be considered as the quality control process that each individual actor establishes to ensure that their work conforms to the specification of the project. Achieving the right balance between the Monitoring and Evaluation activities and the Implementation activities is as important as achieving the right balance between the Monitoring and Evaluation activities between the different actors. Since evaluation requires information, analysis and judgment, it is important to establish parameters and principles to secure the safety objectives. Properly establishing these arrangements within each of the actor's management systems and prior to transitioning from one phase of the development to the next are important as these arrangements should not either compromise or be compromised by the contractual and working arrangements of the monitoring and evaluation activities.

More often in major developments such as dams and large civil engineered works, the monitoring and evaluation by one actor's activities are carried out either in association with or parallel to those of another actor. This latter approach is typically the case in dam development projects, especially in the construction phase.

Monitoring and Evaluation are essential to the Owner in the sense that they are the ultimate means for him to check that his project is on the good track from various aspects (financial, economic, environmental, etc.) and, last but not least, regarding the safety aspects. Monitoring shall consist in a sustained follow-up of the design activities from the preliminary studies to the construction design and implementation.

- At the *detailed design phase* when all features of the dam project become more comprehensive a general check of the design works is recommended. It can be performed with the help of an external Board of Consultants (see below). Evaluation consists usually in recommendations for improving some of the design aspects having in mind an enhanced safety of the dam.

- Monitoring during the *construction phase* shall follow the principles previously enounced (see 4.5.4). The Owner together with the Designer shall perform from time to time inspections to confirm that site conditions are conform to those assumed for design or to determine if design changes may be required to suit the actual conditions. This process has to be conducted together with the site supervision team and possibly the Board of Consultants. Evaluation will consist in checking whether some design criteria might be relaxed without compromising the safety of the dam or improvement measures have to be taken.

4.6.3. Role of Audit, Review and Reporting

The use of an independent Board of Consultants (sometimes termed "Advisory Board") is common in the per-operational phases of a dam development whether it is a new dam or a major dam renewal project (FEMA, 2004). The Board of Consultants will be typically retained by the Investor/ Owner to provide a second expert opinion and often to contribute to the design and construction processes by making their knowledge and experience available to the Designer. In particular, the Board of Consultants will have a focus on the safety of the proposed dam over the whole life-cycle of the development as well as the during design and construction phases.

Le panel d'experts doit être composé d'un petit groupe d'ingénieurs très expérimentés, qui ensemble disposent des connaissances et d'une expérience suffisamment étendue et approfondie pour couvrir tous les aspects du projet. Ce panel se réunit régulièrement pendant les phases de conception et de réalisation, en fonction de la nature et de la complexité des travaux.

Le concepteur peut avoir recours à ses propres experts conseils pour assister les personnes impliquées dans la conception sur des analyses complexes, des points particuliers de conception, ou pour assurer une supervision globale de l'ensemble du processus de conception. De même l'entreprise peut avoir recours à des conseillers indépendants pour obtenir un appui sur des points innovants de conception ou de travaux.

Chacun des acteurs doit disposer de ses propres procédures d'audit interne, ou faire appel à des auditeurs externes. Les audits peuvent concerner les performances financières, managériales ou techniques. Les audits concernent généralement les systèmes de gestion des acteurs, comme le système qualité ISO 9100, qui pourrait être utilisé par le concepteur et l'entrepreneur.

4.7. RÔLE DES AUTRES ACTEURS ESSENTIELS POUR L'ATTEINTE DES OBJECTIFS DE SÉCURITÉ

4.7.1. Rôle du concepteur

Comme indiqué précédemment, le rôle du concepteur est "transformationnel" et à ce titre il a un rôle central pour déterminer comment les objectifs de l'investisseur/du propriétaire peuvent être atteints dans la phase de mise en œuvre. Le concepteur doit nécessairement disposer des compétences scientifiques et techniques nécessaires pour transformer les objectifs de l'investisseur/ du propriétaire en actions concrètes. Cependant, les compétences scientifiques et techniques ne sont pas suffisantes en soi, le concepteur doit également avoir la capacité organisationnelle nécessaire pour prendre la responsabilité et réellement mener à bien de tels projets d'ingénierie, importants et complexes. De même le concepteur doit mettre en place une organisation similaire à celle de l'investisseur/du propriétaire. En fait, la similitude entre les caractéristiques organisationnelles et les synergies en termes de culture sécurité du concepteur et de l'investisseur/du propriétaire contribuent à la culture globale de sécurité des relations contractuelles entre les deux parties.

Nonobstant les dispositions contractuelles entre l'investisseur/le propriétaire et le concepteur, le concepteur joue un rôle central pour assurer la sécurité du barrage, car c'est le concepteur qui se doit de connaitre les objectifs de sécurité et sait comment les atteindre. Dans de nombreux cas, le concepteur doit guider l'investisseur/le propriétaire dans le choix de la forme ou de la nature des objectifs ou des exigences de sécurité. Le concepteur saura également quels éléments de sécurité sont inhérents à la conception du système et à son régime de fonctionnement prévisible, et saura également quels éléments de sécurité peuvent être considérés comme des barrières additionnelles.

Il est préférable que le concepteur soit également chargé de garantir que les concepts généraux et les éléments de sécurité sont respectés durant les processus de construction et de mise en service. Cela nécessite que des moyens de communications appropriés entre le propriétaire, le concepteur et l'entrepreneur soient identifiés en cours de conception et prévus dans les dispositions contractuelles entre les différentes parties.

Les bonnes pratiques pour mettre en place l'organisation au niveau de la conception sont les suivantes :

- La conception d'un barrage sûr est sous l'autorité d'un chef de projet hautement qualifié, dont l'attitude et les actions reflètent une culture de la sécurité et qui veille à ce que toutes les exigences règlementaires et de sécurité soient satisfaites.

The Board of Consultants can be expected to comprise a small group of highly experienced engineers who together have the breadth and depth of knowledge and expertise to span all of the dimensions of the development. This Board can be expected to meet on a regular basis during the design and construction as dictated by the nature and complexity of the works.

The Designer may engage their own expert advisors to assist those involved with the design to resolve complex analysis and design matters as well as to provide overall oversight for the design process. Similarly, the Contractor may engage an independent panel to advise on novel aspects of the design or construction.

Each of the actors would normally be expected to have their own internal audit arrangements or to engage external auditors. Audits can be carried out with respect to financial, managerial and technical performance. Audits are normally set against the management system and sub-management systems of the actors such as the ISO 9100 quality management system that might be utilized by the Designer and the Contractor.

4.7. ROLE OF THE OTHER MAIN ACTORS IN SECURING THE SAFETY OBJECTIVES

4.7.1. Role of the Designer

As discussed previously, the role of the Designer is "transformational", and as such is central to the whole endeavour of determining how the Investor/Owner objectives can be realized in the Implementation Phase. The Designer will necessarily have the scientific and technical competence to transform the Investor/Owner's objectives into implementable actions. However, scientific and technical competencies are not sufficient in themselves, the Designer must have the organizational capacity to take responsibility for and effectively deliver these large and complex engineering projects. Similar to the Investor/Owner, the Designer and the Designer's organization requires many of the similar organizational attributes as the Investor/Owner. In fact, commonality of these organizational attributes and safety culture synergies between Designer and Investor/Owner contribute to the overall safety culture of the contractual relationship between these two parties.

Notwithstanding the contractual arrangements between the Investor/Owner and the Designer, the Designer is central to the achievement of dam safety because it is the Designer who should know the safety objectives and know how these objectives can be achieved in the design. In many cases it can be expected that the Designer will have to provide guidance to the Investor/Owner concerning the form and nature of the safety objectives and requirements. The Designer will also know which safety design attributes are inherent to the design of the system and its intended operating regime, and also know those safety attributes that can be considered as additional safety defenses.

It is preferable that the Designer should also be in a position to ensure that the design intents of the system and safety attributes are achieved in the construction and commissioning processes. This requires that appropriate communication arrangements between the Owner, the Designer and the Contractor are identified in the design process and established in the contractual arrangements between the various parties.

Some good practices for developing a design project organization are as follows:

- The design of a safe dam is under the authority of a highly qualified design manager whose attitudes and actions reflect a safety culture and who ensures that all safety and regulatory requirements are met.

- Des aspects distincts de la conception peuvent être traités par différentes entités d'un même groupe et sous-traités à d'autres groupes pour des parties spécifiques du projet.

- Un nombre adéquat de personnel qualifié est essentiel pour chaque activité.

- Le responsable de l'ingénierie établit un ensemble d'interfaces clairement définies entre les groupes en charge des différentes parties de la conception, et entre le propriétaire, le concepteur, les fournisseurs et les entrepreneurs.

- L'équipe projet est impliquée dans la préparation des rapports de sécurité, des procédures de surveillance opérationnelle, des procédures d'exploitation et de maintenance. Elle communique avec la future équipe d'exploitation de façon à s'assurer que les exigences exprimées par cette dernière ont été identifiées lors de la conception et que la contribution du concepteur dans la préparation des procédures opérationnelles, ainsi que dans le planning et la conduite des formations, est appropriée.

- L'assurance qualité est réalisée pour toutes les activités de conception importantes pour la sécurité. Un élément essentiel de cette activité est le contrôle de la configuration, afin de garantir que les critères de conception liés à la sécurité sont scrupuleusement répertoriés au démarrage et tenus régulièrement à jour en cas de modification de conception.

4.7.2. Rôle de l'entrepreneur

L'entrepreneur a également un rôle central dans la concrétisation des objectifs de sécurité du barrage, au travers des techniques de construction, de la surveillance des travaux, d'une supervision indépendante et des dispositions du contrat liées à l'assurance qualité. En plus de devoir assurer la sécurité du barrage une fois réalisé, l'entrepreneur est également responsable de la sécurité du barrage en continu durant les travaux et de la sécurité de tous les ouvrages provisoires. Il doit également s'assurer que la sécurité à long terme de l'ouvrage n'est pas remise en cause par un ouvrage provisoire qui serait incorporé dans l'ouvrage global et deviendrait un ouvrage définitif (ex. un tunnel de dérivation réutilisé en vidange de fond).

Comme dans le cas de l'investisseur/du propriétaire et du concepteur, la culture sécurité de l'entrepreneur; la solidité financière de l'entreprise; la capacité de choisir des équipes dûment qualifiées pour les travaux et le suivi des travaux; la méthode de gestion des travaux; la conception, la construction et la déconstruction des ouvrages provisoires; la gestion des modifications; la méthode de surveillance et d'assurance qualité; et la gestion des documents, en particulier l'archivage complet des documents de travaux; sont autant d'éléments qui contribuent à assurer la sécurité pendant et après la construction.

- Separate aspects of design may be served by different sections of a central design group and by other groups subcontracted to specific parts of the project.

- An adequate number of qualified personnel for each activity are essential.

- The engineering manager establishes a clear set of interfaces between the groups engaged in different parts of the design, and between the Owner, Designers, suppliers and contractors.

- The design force is engaged in the preparation of safety analysis reports and operational surveillance and O&M procedures. It communicates with the future operating staff to ensure that requirements from that source are recognized in the design and that there is appropriate input from the Designer to the operating procedures as they are prepared and to the planning and conduct of training.

- Quality assurance is carried out for all design activities important to safety. An essential component of this activity is configuration control, to ensure that the safety design basis is effectively recorded at the start and then kept up to date when design changes occur.

4.7.2. Role of the Contractor

The Contractor also has a central role in the achievement of the dam safety objectives as can be assured through the construction techniques, construction monitoring, independent supervision and quality assurance arrangements of the contract. In addition to the role in assuring the safety of the dam as constructed, the Contractor is also responsible for the on-going safety of the dam during the construction, the safety of all temporary works and for ensuring that the long term safety of the dam is not compromised by any temporary works which may become embodied in the overall construction as part of the permanent works (e.g. diversion tunnels becoming bottom outlets).

As with the Investor/Owner and the Designer, the Contractor's safety culture; the financial strength of the company; the capability to appoint appropriately qualified construction and construction monitoring staff; the approach to construction management; temporary works design, construction and removal; the management of changes; the approach to monitoring and quality assurance; and records management including contributing to delivering complete construction records, all play a role in assuring safety during and after construction.

4.8. GESTION DU RISQUE ET DES FACTEURS D'INCERTITUDE DANS UN PROJET DE BARRAGE

La gestion des risques et des facteurs d'incertitude est une approche incontournable de la gestion des projets de construction de barrages. Le risque et les facteurs d'incertitude vont de pair et sont étroitement liés, bien qu'ils présentent des caractéristiques différentes (Hartford et Baecher, 2004). Les risques et les facteurs d'incertitude découlent de l'incertitude et de la variabilité des caractéristiques des matériaux utilisés pour la construction du barrage, des choix techniques de conception, des exigences liées à la construction, des considérations d'exploitation et des facteurs humains, de sorte que le risque et les facteurs d'incertitude sont inhérents aux barrages depuis leur conception et pendant tout leur cycle de vie. Parce que le risque trouve son origine dans l'incertitude, le risque, comme l'incertitude, est fondamentalement une question de connaissance. Ainsi, la probabilité de rupture du barrage n'est pas une propriété physique ou fonctionnelle objectivement mesurable du barrage. Depuis le début de la théorie moderne des probabilités dans les années 1600, il a une double signification (a) la fréquence relative d'un nombre long ou infini d'essais, comme dans les chroniques de débits au cours des siècles et b) le degré objectif ou subjectif de croyance, comme dans la qualité prévue de la nature du sous-sol avant les reconnaissances. L'acceptation des assertions ci-dessus par toutes les parties est essentielle dans les projets de barrages.

Le problème du risque et des facteurs d'incertitude se pose tout au long des phases pré-opérationnelles du cycle de vie. On doit citer notamment pendant la construction le risque de crue dépassant la capacité des ouvrages de dérivation provisoire, risque qui doit être étudiés de manière très détaillée lors de la planification des travaux. D'un point de vue fonctionnel, les incertitudes et les risques sont associés aux fonctions de stockage de l'eau et de transit des crues. Bien que les barrages soient conçus en fonction de principes et de pratiques de conception sécuritaire qui fournissent des moyens efficaces de gérer une grande partie des risques et des facteurs d'incertitude qui peuvent survenir au cours de la conception, il existe des limites quant à l'évaluation du niveau de maitrise du risque. Ces pratiques de conception sécuritaire peuvent être mises en œuvre sans qu'il soit nécessaire de quantifier ces risques.

L'émergence de la prise en compte formelle du risque et des facteurs d'incertitude dans l'ingénierie des barrages et en particulier dans l'évaluation du niveau de sécurité des barrages existants au cours du dernier quart du XXe siècle a permis de constater que des conditions peuvent survenir qui ne sont pas suffisamment caractérisées en fonction des pratiques qui ont évolué au cours des deux siècles précédents. Cela s'explique par plusieurs facteurs interdépendants, notamment les progrès scientifiques qui sous-tendent l'ingénierie des barrages, l'évolution des philosophies et des pratiques de conception, y compris l'utilisation de matériaux dont les caractéristiques de performance à long terme n'ont pas été pleinement appréciées au stade de la conception (par exemple, les divers types de pathologies du béton), la complexité toujours croissante du fonctionnement des barrages dans le contexte moderne mais aussi des facteurs humains et organisationnels. De nos jours il est admis que, au niveau de la conception, il y a des limites physiques aux sollicitations qu'un barrage peut supporter et il est maintenant reconnu que des concepts de conception tels que la crue maximale probable, qui a été conçue à l'origine pour écarter le risque qu'un barrage soit submergé par une crue, ne fournissent plus la protection absolue initialement prévue. En outre, il y a aussi des limites économiques et des contraintes environnementales et sociales à ce qui peut être réalisé dans la conception, la construction et l'exploitation d'un barrage. La conception des barrages dans le contexte moderne est un peu plus complexe qu'à l'époque de la construction des grands barrages du siècle dernier, et les méthodes d'analyse du risque et des facteurs d'incertitude et la prise de décisions à partir de la connaissance des risques fournissent au concepteur des capacités supplémentaires pour relever certains de ces nouveaux défis.

4.8. MANAGEMENT OF RISK AND UNCERTAINTY IN A DAM DEVELOPMENT

Management of risk and uncertainty is an inevitable feature of the management of dam development projects. Risk and uncertainty arise together and are inseparable, although they have different features that create the distinction (Hartford and Baecher, 2004). The risks and uncertainties arises from uncertainty and variability in; nature, the properties of the materials used to build the dam, engineering decisions, construction necessities, operational considerations and human factors, with the result that risk and uncertainty are inherent to dams from conception and subsequently through the entire life-cycle. Because risk has its origins in uncertainty, risk, like uncertainty is fundamentally matter of knowledge. As such, the probability of dam failure is not an objectively measurable physical or functional property of the dam. Since the beginning of modern probability theory in the 1600s, there has been a dual meaning: (a) relative frequency in a long or infinite number of trials as in the river flow records over centuries; and (b) objective or subjective degree of belief, as in the anticipated availability of suitable sub-surface conditions prior to an investigation. Acceptance of the above facts by all parties is essential in the development of dams.

The problem of risk and uncertainty presents itself throughout the pre-operational phases of the life-cycle with the risk of flooding during construction overwhelming the diversion works being considered in some detail in considerable detail during the planning of the diversion works. From a functional perspective, the uncertainties and the attendant risks are associated with the containment and the conveyance functions of the dam. While dams are designed in terms of defensive design principles and practices that provide effective means of handling much of the risk and uncertainty that can arise within the design basis, there are limits to the extent to which they can control the risk. These defensive design practices are implemented without the effort of risk quantification.

The emergence of formal consideration of risk and uncertainty in dams engineering and in particular in the assessment of existing dams during the last quarter of the 20th century revealed that conditions can arise that are not adequately characterized in terms of the practices that had evolved over the previous two centuries. This was due to several interrelated factors including but not restricted to; advances in the sciences that underpin dams engineering, changes in design philosophies and practices including the use of materials whose long term performance characteristics were not fully appreciated at the design stage (e.g. the various types of adverse reactions in concrete), the ever increasing complexity of the way dams are operated in the modern context, and human and organizational factors. Nowadays, it is accepted that there are physical limits to the applied loads that a dam can be designed to withstand and it is now recognized that design concepts such as the Probable Maximum Flood, which was originally developed to virtually eliminate the potential for a dam to be overwhelmed by a flood, do not provide the absolute protection originally envisaged. Further there are also economic limits to, and environmental and social constraints on, what can be achieved in the design, construction and operation of a dam. Dam design in the modern context is rather more complex than it was during the major dam building era of the last century and risk and uncertainty analysis methods and risk-informed decision-making provide the designer with additional capabilities to address some of these challenges.

Les méthodes actuelles d'analyse et d'évaluation des risques peuvent fournir des informations précieuses obtenues par un processus formel et transparent pour éclairer les jugements qui sont requis de tous ceux qui participent aux décisions relatives au projet de réalisation d'un barrage. En outre et surtout, les méthodes d'analyse des risques continuent d'évoluer et de nouvelles approches voient le jour pour faire face à des considérations qui ne sont pas suffisamment prises en compte dans les méthodes existantes. Par conséquent, on peut s'attendre à ce qu'une nouvelle série de méthodes adaptées à différentes applications dans la conception des barrages soit mise au point. Actuellement, l'analyse des risques n'est pas utilisée pour optimiser économiquement la sécurité des barrages et il existe de bonnes raisons politiques, juridiques, morales, éthiques et scientifiques pour lesquelles l'analyse des risques ne doit pas être utilisée pour cette optimisation. L'analyse et l'évaluation des risques permettent également de communiquer sur la nature et le niveau du risque supporté par les différentes parties prenantes dans la gestion des barrages. Les méthodes d'analyse et d'évaluation des risques ne sont pas traitées dans ce Bulletin car elles sont disponibles dans d'autres bulletins de la CIGB (bulletins 130 et 154, Hartford et al. ibid.).

Pendant la conception les risques et facteurs d'incertitude peuvent être analysés pour quatre types de situation :

- Pendant la construction;

- Lors du premier remplissage et au cours des cinq premières années d'exploitation;

- Pendant le fonctionnement en deçà des critères de conception pour les aspects hydraulique et structurel;

- En situations extrêmes au-delà des critères de conception sont sur le point d'être dépassées.

Le concepteur doit tenir compte de toutes ces questions dans le processus de conception et, à cet égard, la gestion de la sécurité des barrages pendant les phases pré-opérationnelles du cycle de vie, comprend les dispositions de gestion des risques et des incertitudes pour toutes les phases du cycle de vie.

Des exemples d'utilisation de l'analyse des risques et de l'évaluation des risques tant dans la conception d'un barrage neuf que dans la réhabilitation ou la reconstruction d'un barrage existant comprennent notamment :

i. Le remplacement des règles empiriques par une évaluation des risques fondée sur la simulation stochastique des écoulements fluviaux pour la conception des ouvrages de dérivation.

ii. L'utilisation de méthodes probabilistes dans les reconnaissances in situ et la caractérisation des matériaux de construction en laboratoire (Baecher et al, 2003, ISSMGE (draft), 2017),

iii. L'analyse et la gestion des différents niveaux de risque du projet (Jensen, 2014, ICE)

iv. Le potentiel offert par des méthodes telles que l'analyse des modes de défaillance et de leurs effets (AMDE), l'analyse des arbres de défaillance et l'analyse des arbres d'événements (y compris les arbres type " nœud papillon ") qui sont une aide pour la mise en pratique des principes de conception sécuritaire et l'identification des possibilités de surveillance des écarts dans la performance attendue et des interventions préventives associées (bulletins 130 et 154 de la CIGB).

Existing risk analysis and risk assessment techniques can provide valuable information achieved through a formal and transparent process to inform the judgements that are required of all those who are involved in decisions pertaining to the development of a dams. Further and importantly, risk analysis methods continue to evolve, and new approaches are emerging to cope with considerations that are not adequately catered for in terms of existing risk analysis methods. Therefore, a new and enlarging suite of methods suitable for different applications in dam design can be expected to evolve. Risk assessment is presently not used to perform an economic optimization of the safety of the dam and there are sound political, legal, moral, ethical and scientific reasons that risk assessment should not be used for such optimization. Risk analysis and risk assessment also provide a means of communicating the nature and magnitude of the risk borne by the various stakeholders in the development of the dam. Risk analysis and risk assessment methods are not dealt with in this Bulletin as these methods are provided in other ICOLD Bulletins (ICOLD Bulletins 130 and 154, Hartford et al., ibid.).

The matter of risk and uncertainty for dams considered at the design stage can be divided into four states as follows:

- During construction

- During first filling and during the first five years of operation

- During operation within the hydraulic and structural design limits

- Under extreme limits when the design limits are at the point of being exceeded

The designer must consider all of these matters in the design process and in this regard, dam safety management in the pre-operational phases of the life-cycle includes the design of the management arrangements for risk and uncertainty for all phases of the life-cycle.

Examples of the use of risk analysis and risk assessment of the possibilities to use these methods in the design of a new dam and in the remediation or renewal of an existing dam and subsequently in these operational states include:

i.   The replacement of rules of thumb by risk assessment based on stochastic simulation of river flows in the design of diversion works.

ii. The use of probabilistic methods in site investigation and construction materials characterization (Baecher et al, 2003, ISSMGE (draft), 2017),

iii. Analysis and management of the various dimensions of project risk (Jensen, 2014, ICE)

iv. The potential for failure modes and effects analysis, fault tree analysis and event tree analysis (including "bow-tie" analysis) to inform the application of defensive design principles, and in the identification of opportunities for monitoring for deviations in expected performance and associated early-stage intervention (ICOLD Bulletin 130 and Bulletin 154).

v. L'analyse probabiliste et les techniques d'inférence bayésienne lors du premier remplissage et des premières périodes d'exploitation.

vi. La simulation de systèmes, y compris la simulation stochastique et la simulation dynamique des systèmes en modes déterministe et probabiliste pendant la phase d'exploitation du cycle de vie, à l'intérieur et aux limites hydrauliques et structurelles de la conception (Hartford et al., 2016).

vii. La modélisation par arbre d'événements pour effectuer des analyses de simulation aux limites de conception hydraulique et structurale et au-delà (BC Hydro 1993, ANCOLD 1994).

Toutes ces méthodes sont disponibles pour aider à la conception d'un barrage et pour mieux éclairer les jugements du concepteur. En particulier, elles donnent au concepteur la possibilité de mieux expliquer et justifier ses choix.

Des exemples d'informations et de résultats utilisables par le concepteur sont présentés ci-après :

i. La variation du niveau de risque en fonction des différentes combinaisons possibles de hauteur du batardeau et de la débitance des ouvrages de dérivation provisoire (tunnel, canal, ...), ainsi que l'optimisation de la taille de ces ouvrages et la préparation des interventions d'urgence en cas de déversement au droit des ouvrages de dérivation lors d'une crue;

ii. La modification de la conception en réponse aux variations et incertitudes révélées par les reconnaissances in situ;

iii. La préparation des documents d'appel d'offres de travaux en caractérisant les niveaux de risques et les incertitudes inhérentes au projet;

iv. La justification du choix et de la bonne adéquation des dispositifs structurels, d'entretien et d'exploitation et la préparation des manuels d'exploitation et de maintenance, ainsi que la conception des consignes de contrôle et de surveillance (voir, par exemple, le modèle de gestion des risques par une modélisation « nœud papillon » dans le Bulletin 154);

v. Une meilleure compréhension du comportement initial du barrage lors du premier remplissage et des premières phases de l'exploitation;

vi. La résilience du système de manière à ce que la sécurité du barrage soit assurée pour le "système en cas de défaillance" pendant l'exploitation dans les limites de la conception structurelle et hydraulique.

vii. Une conception qui n'entraîne pas une rupture fragile en cas de dépassement des limites de conception.

Aussi utiles soient-elles, toutes ces techniques ne peuvent remplacer l'intuition et le jugement du concepteur à mesure que le processus de conception avance. Toutefois, les techniques d'analyse des risques, surtout lorsqu'elles sont conduites à l'aide de simulations en réalité virtuelle 3D de la performance fonctionnelle de la conception au fur et à mesure de son déroulement, fournissent au concepteur un ensemble puissant d'outils explicatifs qui peuvent être utilisées pour démontrer la pertinence de la conception et pour établir un niveau de confiance dans sa sécurité et sa résilience.

v. Probabilistic analysis and Bayesian inference techniques during first filling and early stage operation.

vi. Systems simulation including stochastic simulation and systems dynamics simulation in both deterministic and probabilistic modes during the operational phase of the lifecycle both within and at the hydraulic and structural limits of the design (Hartford et al., 2016).

vii. The use of event tree analysis in performing what-if type analysis at and above the hydraulic and structural design limits (BC Hydro 1993, ANCOLD 1994).

All of these methods are available to assist in the design of a dam and to better inform the designer's judgments. In particular they provide the designer with the opportunity to better explain and justify the judgments that must be made as the design proceeds.

Examples of the information and capabilities that become available to the designer include but are not limited to the following illustrative examples:

i. Understanding the variation in risk with different combinations of cofferdam height and diversion tunnel/channel volumetric capacity, and the optimization of both the size of the works and the planning of the emergency response in the event of the diversion works being overwhelmed by a flood.

ii. Modification of the emergent design in response the variations and uncertainties that are revealed by the site investigation

iii. Preparation of construction tendering documents and characterization of all of the dimensions of risk and uncertainty in the project.

iv. Informing the selection of and balance across structural, maintenance and operational defences and in the preparation of the operations and maintenance manuals; and informing the design of the monitoring and surveillance regime (see e.g. the Bow Tie Risk Management Model in Bulletin 154)

v. Improved understanding of the emergent performance of the dam during first filling and early stage operation.

vi. Ensuring the resilience of the system such that dam safety can be maintained for "system under fault conditions" during operations within the structural and hydraulic design limits.

vii. Providing a design that as a whole does not result in a brittle failure in the event of the design limits being exceeded.

Useful as all of these techniques are, they cannot replace the reliance by the designer on intuition and judgement as the design process advances. However, risk analysis techniques, especially when configured with 3-D virtual reality simulations of the functional performance of the design as it emerges, provide the designer with a powerful suite of explanatory capabilities that can be used to demonstrate the appropriateness of the design and in establishing confidence in its safety and resilience.

À l'heure actuelle, il n'est pas possible d'établir les paramètres de conception définitifs d'un nouveau barrage ou de sa réhabilitation uniquement sur la base d'une évaluation probabiliste des risques. Toutefois, certains éléments des ouvrages provisoires, comme le dimensionnement des ouvrages de dérivation (batardeau et tunnels de dérivation), comportent un type d'évaluation des risques relativement simple qui se révèle habituellement économique.

4.9.   IMPORTANCE DE LA GESTION DES MODIFICATIONS

La gestion des modifications est un élément essentiel de la gestion des risques puisqu'il est impossible de connaître dès le départ tous les risques et incertitudes associés à un projet de construction de barrage. Bien que les modifications apportées aux objectifs globaux de l'aménagement puissent être mineurs dans de nombreux cas, des modifications dans la façon dont ces objectifs sont atteints au cours du processus de conception sont inévitables et peuvent très bien avoir un impact important sur la sécurité. La gestion des modifications est donc un élément essentiel des dispositions du système de gestion.

La gestion des modifications est fondamentalement une question de gestion de l'incertitude et de l'évolution des conditions qui surviennent au cours du projet. Comme il n'est pas possible de connaître tous les risques et incertitudes, une gestion des modifications inadéquate peut entraîner des retards dans le planning de construction, ce qui entraîne des risques contractuels pour le projet. Ces changements peuvent avoir des répercussions à la fois sur la sécurité des ouvrages pendant la construction et sur la sécurité fonctionnelle et opérationnelle à long terme. Par exemple, le volume ou la qualité insuffisants de matériaux de remblai extraits dans une zone d'emprunt ou d'agrégats provenant d'une carrière peut nécessiter la recherche des matériaux appropriés, ce qui demande du temps qui n'était pas nécessairement prévu dans le contrat de construction et exposerait les ouvrages partiellement construits à des sollicitations externes défavorables. Dans les cas où des dispositions contractuelles ont été prises, il est possible que le retard du planning conduise à ce qu'une partie ou même la totalité de la saison soit perdue. Un tel écart de planning signifie que des dispositions différentes seront nécessaires pour tenir compte des contraintes saisonnières différentes de celles qui avaient été envisagées à l'origine.

4.10.   RÔLE DE L'ARBITRAGE DANS LES DIFFÉRENDS

La gestion des modifications implique généralement des modifications de la nature des travaux préalablement définis et convenus dans le contrat entre le Propriétaire et l'Entrepreneur ou le Propriétaire et le Concepteur. De ce fait, la gestion des modifications peut entraîner des réclamations qui peuvent également entraîner des retards ou l'arrêt de la construction. Il n'est pas rare que de telles situations conduisent à l'arbitrage du litige entre les parties. Pour s'assurer que les modifications de conditions et les différends ne nuisent pas à la sécurité, le contrat doit être formulé de manière à ce que la sécurité lors de la construction et la sécurité fonctionnelle des ouvrages construits ne soient pas compromises pendant le différend.

L'établissement de telles dispositions entraînera évidemment un coût et les coûts de ces dispositions devraient être inclus dans le contrat et incorporés dans le processus d'arbitrage des différends. Pour tenir compte de la possibilité de modification des conditions d'exécution des dispositions techniques et constructives devraient être prévues et intégrées dans les dispositions contractuelles pour la gestion des modifications et le règlement des différends.

Presently there is no scope to set the final design parameters of a new dam or dam renewal solely on the basis of a probabilistic risk assessment. However, elements of the temporary works such as the sizing of the diversion works (cofferdam and diversion tunnels) do involve some type of relatively simple risk assessment that is usually economic in character.

4.9. IMPORTANCE OF MANAGEMENT OF CHANGES

Management of changes is an essential element of risk management as it is impossible to know all of the risks and uncertainties involved in a dam development project at the outset. Although changes in the overall dam development objectives may be minor in many instances, changes in how these objectives are achieved during the dam development process are inevitable and may well have a significant impact on safety. This makes management control of changes an essential and common element of the management system arrangements.

The Management of Changes is fundamentally a matter of the management of uncertainty and changed conditions that arise during the course of the project. In addition to not knowing all of the risks and uncertainties, management of changes can cause delays in the construction schedule with attendant contractual implication risks to the project. These changes can have implications for both the safety of the works during construction and for the long term functional and operational safety of the constructed dam. For example, the unexpected exhaustion of a source of fill in a borrow area or aggregate from a quarry might trigger the need for further explorations for suitable materials requiring time that was not necessarily provided for in the construction contract and which leaves the partially constructed works exposed to adverse external effects. In cases where contractual provision has been made, it may be that the slippage of the construction schedule means that part of or even an entire construction season might be lost. Such a loss of schedule may mean that different provisions to address the seasonal constraints on construction other than those originally envisaged might be required.

4.10. ROLE OF ARBITRATION IN DISPUTES

Management of changes generally involves changes to the details of the work previously defined and agreed in the contract between the Owner and the Contractor or the Owner and the Designer. As such change management can lead to claims which could also result in delays to or cessation of the construction. It is not unusual for such situations to lead to arbitration of the dispute between the parties. To ensure that changes conditions and disputes do not adversely affect safety, the contract should be formulated in a way that ensures that the safety of the construction and the functional safety of the constructed works are not compromised during the dispute.

Making such provisions will obviously involve a cost and the costs of these provisions should be included in the contract and incorporated into the dispute resolution (arbitration) process. Throughout, engineering design, and construction contingencies to deal with the potential for changed conditions should be provided and embedded in the contractual provisions for the management of changes and for dispute resolution.

5.   PRINCIPES D'INGENIERIE

5.1.   CONSIDÉRATIONS GÉNÉRALES

5.1.1. Méthodologie de conception

On construit des barrages depuis des centaines d'années, mais leur construction n'est pas une science exacte; elle est plus précisément décrite comme un "art" qui oblige le concepteur à équilibrer un large éventail de facteurs complexes et antagonistes qui, par nature, sont intrinsèquement incertains.

Le jugement et l'expérience des ingénieurs jouent un rôle majeur dans la conception des barrages, tout comme les aspects architecturaux, la topographie, ainsi que les aspects environnementaux et sociaux. L'implantation précise d'un barrage, la structure générale du projet, le choix du type et de la forme du barrage, le choix du type d'évacuateur de crues, la définition des investigations nécessaires et leur interprétation, le dispositif de surveillance, etc. sont autant de sujets qui nécessitent de l'expérience, et qui ne peuvent que partiellement reposer sur des normes techniques. Il existe par exemple des limitations pratiques à la quantité de données disponibles lors de la planification et de la conception. Des analyses par analogie et extrapolation sont nécessaires pour évaluer les conditions de fondation attendues et pour concevoir une structure appropriée. L'expérience et l'intuition sont essentielles pour parvenir à ces choix.

L'expérience, les connaissances, l'intuition et la créativité du concepteur revêtent donc une importance primordiale, de même que de nombreuses données : hydrologie, géologie, résultats des reconnaissances, matériaux disponibles, doivent être pris en compte simultanément afin de réaliser un projet de barrage qui remplira autant que possible tous les objectifs du Propriétaire. Il en va de même pour les mesures prises pendant la construction, en particulier lors de la dérivation des cours d'eau, qui peuvent avoir des conséquences sur la sécurité des barrages.

De nombreux aspects d'un projet de barrage ne sont pas calculables ou ne peuvent pas être contrôlés à l'aide de méthodes analytiques. Ils seront plutôt traités à partir de l'expérience de l'ingénieur et de l'état de l'art (largeur du filtre, dispositif de surveillance, etc.). La méthodologie de conception du barrage est alors assez différente de celle des ponts ou des bâtiments standard pour lesquels la géométrie et la taille des structures peuvent être entièrement optimisées par ordinateur une fois que les descentes de charges sont définies. Dans le domaine de la conception des barrages, la géométrie de l'ouvrage est toujours définie avant tout lancement de calcul. Une fois que la conception est bien avancée, des calculs analytiques complexes sont ensuite entrepris pour vérifier les performances globales attendues de l'ouvrage, ainsi que pour affiner et définir avec précision les caractéristiques de chaque élément de conception.

Cela dit, le concepteur s'appuie sur des principes mathématiques et des lois physiques, tout en mettant en œuvre son jugement à dire d'expert sur la base de son expérience dans la planification et l'exécution d'un projet. Le jugement doit être sous-tendu par l'expérience et la connaissance (études de cas d'incidents) et chaque conception doit intégrer des mesures conservatives, là où c'est nécessaire, en tenant compte des diverses conditions de sollicitation que le barrage peut rencontrer pendant son exploitation. Le jugement à dire d'expert est encore plus important dans l'évaluation et / ou l'amélioration des caractéristiques des barrages existants. Pour bon nombre de ces barrages "anciens", il existe peu d'informations disponibles sur la reconnaissance du site d'origine, la conception, la construction et l'exploitation ultérieure, et la plupart des informations souhaitées ne peuvent pas être obtenues.

5.   ENGINEERING PRINCIPLES

5.1.   GENERAL CONSIDERATION

5.1.1.   Design process

Although dams have been built for hundreds of years, dam engineering is not an exact science and is more accurately described as an "art" that requires the designer to balance a diverse range of complex and competing factors that for reasons of nature are inherently uncertainty.

Engineering judgment and experience play a major role in dam design as do architectural style, landform fashioning, environmental appreciation and social empathy. The precise location of a dam, the general layout of the project, the selection of the dam type and shape, the choice of the type of spillway, definition of necessary investigations and their interpretations, monitoring system, etc. are all topics which require experience, and which can only be partly guided by engineering standards. For example, there are practical limitations on the amount of physical data that can be obtained during planning and design. Inferential judgment and extrapolation are necessary to assess the expected foundation conditions and to design an appropriate structure. Experience and intuition are essential in arriving at these judgments.

The experience, knowledge, intuition and creativity of the Designer are therefore of paramount importance, as many input data : hydrology, geology, investigations results, available materials, must be considered at the same time in order to achieve a dam project which will fulfil as well as possible all the objectives of the Owner. The same is true for measures taken during construction, and particularly with river diversion, which may have consequences on dam safety.

Many aspects of a dam project are not calculable or may not be checked through analytical methods; rather they will be attained through experience of the engineer and state of the art (filter width, monitoring system, etc.). Dam design is then rather different to that of standard bridges or buildings design methodologies where the geometry and size of the structures can be entirely optimized by computer once loading is defined. In the domain of dam design, the dam geometry is quite always defined before any calculation is performed. Once the design is substantially established, a great deal of analytical effort is then spent to verify the overall expected performance of the dam as well as to refine and tightly define individual features of the design.

That said, the Designer draws upon mathematical principles and physical laws, while exercising experience-based deductive and inductive judgment in the planning and execution of a dam project. Judgment shall be sustained by experience and knowledge (case studies of incidents) and every design shall incorporate defensive measures where appropriate considering the various load conditions the dam might encounter during operation. Experience-based judgment is equally if perhaps even more important in evaluating and/or improving existing dams. For many of these "older" dams, there is little information available on original site exploration, design, construction and subsequent operation, and much of the desirable information cannot be obtained.

Bien que des guides techniques ou des normes existent dans de nombreux domaines et fournissent des informations utiles; celles-ci reposent soit sur l'expérience issue de nombreux autres projets, soit sur des développements théoriques. Ils sont également limités dans le temps et sont peut-être aujourd'hui obsolètes en raison des progrès récents des connaissances. "Les guides techniques ne remplacent pas un bon jugement à dire d'expert, pas plus que les procédures ne doivent être appliquées de manière systématique et sans analyse du problème d'ingénierie rencontré par le concepteur. Les concepteurs doivent garder à l'esprit que la profession d'ingénieur ne se limite pas à appliquer une solution spécifique à chaque problème et que les résultats des études représentent la solution souhaitable pour ce projet particulier » (FERC, 2014).

Les personnes chargées de la conception d'un barrage doivent accepter le fait qu'aucun barrage ne puisse jamais être totalement «à l'abri de la rupture» (voir chapitre 4.8) en raison d'une connaissance incomplète des sollicitations naturelles (séismes et inondations), de l'hétérogénéité des matériaux constitutifs, du facteur humain (défaillances, défauts de conception, mauvaise qualité de la construction, sabotage) et de la manière dont ces facteurs se combinent pour générer des sollicitations destructrices. Le comportement des matériaux en réponse à ces sollicitations et les difficultés potentiellement rencontrées pour le contrôle en cours de construction sont d'autres facteurs qui conforte cette assertion qu'un barrage ne peut être totalement sûr. Le concepteur doit donc s'assurer que les incertitudes sont correctement identifiées, qu'un jugement technique compétent est présent et que les plans d'urgence permettant de prendre en compte les mesures correctives sont déployés à temps.

Les choix effectués par le concepteur reposent sur plusieurs considérations, parmi lesquelles la sécurité et l'intégrité du barrage devraient être primordiales. Mais les aspects économiques sont également importants, et la conception finale sera souvent un compromis entre ces différentes contraintes, tout en privilégiant la sécurité.

La faisabilité de la conception doit être garantie lors de la construction et de la mise en service : le concepteur doit également comprendre le fonctionnement du système en exploitation, pendant les phases de maintenance, d'entretien et de réparation, afin de prendre en compte correctement ces phases du cycle de vie de l'ouvrage.

La construction est une phase essentielle dans l'élaboration d'un barrage sûr. Les techniques de construction utilisées pour les barrages sont envisagées dès la conception en tenant compte des problématiques de sureté qui se posent à chaque étape. En tant que telle, la « constructibilité » est une caractéristique essentielle de la conception du barrage. Les modes opératoires de construction sont envisagés dès la conception afin de supprimer autant que possible les modifications de la conception pendant la phase de construction. La maîtrise des risques géologiques et géotechniques est particulièrement importante : de nombreux exemples de difficultés rencontrées lors de la construction du barrage sont dus à une connaissance insuffisante de ces risques. Des investigations approfondies et la prise en compte des incertitudes sont les meilleures « barrières » pour la gestion de ce risque.

Tout projet doit être évalué en permanence et "repensé" au besoin pendant la construction afin de s'assurer que la conception finale est compatible avec les conditions rencontrées in situ. La qualité de la construction est également essentielle à la sureté. Des défauts dans la qualité des matériaux ou dans les modes opératoires de construction peuvent survenir à toutes les étapes du chantier, et une vigilance constante est nécessaire pour les prévenir. L'échantillonnage et les essais réalisés en phase conception ne sauraient être considérés comme un substitut efficace à l'inspection et au contrôle de la qualité pendant la construction. L'expérience acquise dans l'évaluation de la sureté et dans la modernisation des barrages existants a montré qu'un contrôle exhaustif de la qualité pendant la construction, accompagné d'une documentation claire et complète des archives de chantier, sont extrêmement précieux pour le propriétaire après la construction. L'enregistrement automatique des données de construction et la modélisation 3D permettent la création d'archives de construction détaillées et de haute qualité, qui constituent un élément essentiel à la construction du barrage et à sa mise en service. Ces enregistrements contribuent de manière significative à la réduction des risques tout au long du cycle de vie du projet.

While guidelines or standards exists in many domains and provide useful information; they are based either on experience of many other projects or on theoretical developments. They are also limited in time and may have been overtaken by more recent advances in knowledge. "Guidelines are not a substitute for *good engineering judgment*, nor are the procedures to be applied rigidly in place of other analytical solutions to engineering problems encountered by the Designer. *Designers should keep in mind that the engineering profession is not limited to a specific solution to each problem and that the results are the desired end to problem solving*" (FERC, 2014).

Those charged with designing a dam need to recognize that no dam can ever be completely "failsafe" (refer to Chapter 4.8) because of incomplete understanding of natural forces (earthquakes and floods) naturally occurring and manufactured material variability and human factors (incorrect human actions, design flaws, poor quality in construction, sabotage) and the way these factors combine to result in destructive forces; the behaviour of the materials in response to these forces; and in control of the construction process. The Designer must therefore ensure that uncertainties are properly identified, a competent technical judgment is applied and contingency plans to accommodate adjustments are timely deployed.

The choices made by the Designer are based on several considerations, among which the safety and integrity of the dam should be the most important. But economic aspects are important too, and the final design will often be balanced between these practical constraints while always leaning on the side of safety.

The design must be feasible, in construction and commissioning: the Designer must also understand how the system performs in operation, undergoing maintenance, in repair and decommissioning, in order to properly accommodate these life-cycle phases in the design.

Construction is a critical phase in achieving a safe dam. The construction techniques used for dams are applied in the design of the project in recognition of the critical safety issues involved. As such "constructability" is an essential feature of dam design. The construction aspects and techniques are taken into consideration in the design in order to eliminate as far as possible the need for changes in the design during construction. Mastering geological and geotechnical hazards are particularly important: there are many examples of difficulties encountered during the dam construction due to an insufficient knowledge of these hazards. Thorough investigations and taking into account uncertainty are the best "barriers" to manage this risk.

Any project must be continuously evaluated, and "re-engineered" as required during construction to assure that the final design is compatible with the conditions encountered. Quality of construction is also critical to safety. Deficiencies in materials or in construction practices can occur during all stages of the construction, and constant vigilance is necessary to prevent them. Sampling and testing at a completed project cannot be relied on as an effective substitute for inspection and quality control during construction. Experience in the safety assessment and renewal of existing dams has found that extensive and comprehensive quality control and assurance during construction with clear and comprehensive documentation of the construction records are immensely valuable to the Owner after construction. Modern electronic capture of construction data and 3-D visual modelling enable the development of high quality and detailed construction records that form an essential part of the development of a dam and its entry into service. These records serve as a significant contributor to the risk reduction over the whole life-cycle of the project.

À la lumière de ce qui précède, la conception d'un barrage doit être envisagée en termes d'alternatives via des processus itératifs, la meilleure solution étant finalement celle qui conduit à une sorte d'équilibre entre l'optimum technique, économique et environnemental et qui apporte une contribution positive à la société en assurant la sécurité des structures et de leurs fonctions.

5.1.2. Principes d'ingénierie pour la sécurité

Afin d'intégrer la sureté dès les premières étapes du processus de conception, le concepteur et l'investisseur / propriétaire doivent partager un ensemble de "principes de sureté" garantissant que les contributions de la conception et du programme d'investissements à la sureté sont correctement intégrées au projet dès son origine. De ce point de vue, il est important de reconnaître que les principes d'ingénierie ne sont pas des « exigences », mais plutôt des caractéristiques à rechercher.

Dans les domaines industriels, des principes d'ingénierie « standard » ont été développés et documentés. Ils concernent :

- La Redondance : plusieurs voies pour assurer une fonction;

- La Diversité : différents moyens pour assurer une fonction;

- La Séparation : la fonction est assurée par des voies séparées physiquement;

- La Défense en profondeur : marges de capacité importante par rapport à la demande (dans tous les systèmes, y compris les systèmes redondants);

- La Résilience aux pannes (y compris la résilience aux défaillances humaines) : un seul défaut ne causera pas de perte générale de fonctionnement du système;

- La Sécurisation en cas de panne : si le système subit une défaillance, il évoluera vers une situation sûre.

On ne s'attend pas à ce qu'un système de barrage / réservoir présente toutes ces caractéristiques, mais un ou plusieurs de ces principes devraient être présents dans différents sous-systèmes au sein du système global. En règle générale, moins ces fonctionnalités sont intégrées dans le projet, plus la dépendance à la qualité et à l'organisation des équipes d'ingénierie et de gestion de l'ouvrage est élevée.

À titre d'exemple, le principe de redondance implique qu'«un système critique pour la sureté doit être conçu de manière à ce que, si possible, la défaillance d'un seul composant n'empêche pas le système de s'acquitter de sa fonction en cas de besoin. Ce principe repose sur la probabilité relativement élevée qu'une seule défaillance survienne par rapport à la probabilité beaucoup plus faible d'au moins deux défaillances simultanées. Bien que cela puisse se réaliser relativement facilement dans le cas des composants électroniques, électriques et, dans une certaine mesure, mécaniques, c'est plus difficile voire impossible dans le cas des structures. Cet écart entre type de composants ou structures est cependant atténuée par la différence de leurs caractéristiques de défaillance respectives. Les équipements électroniques et électriques sont sujets à des pannes soudaines qui ne peuvent pas être facilement détectées par la surveillance ou la maintenance préventive. On peut cependant s'attendre à ce que les structures et certains systèmes mécaniques présentent des modes de défaillance qui impliquent des mécanismes de dégradation progressive qui, en principe, devraient pouvoir être anticipés par la surveillance et l'entretien préventif. Par conséquent, le critère de redondance des équipements/structures est moins critique pour les structures et certains systèmes mécaniques que pour les systèmes électroniques et électriques. Lorsque la défaillance de tout le système repose sur celle d'un équipement/structure, un soin particulier doit être apporté à la qualité de la conception et au suivi des performances de cet équipement/structure. Le principe d'utilisation d'équipements éprouvés devient encore plus important » (Ballard et Lewin, 2004).

Given the above, the design of a dam should proceed in terms of alternatives and iterative process, the best one being finally a kind of a balance between technical and economical optimum that is in harmony with its natural environment and its role in making a net positive contribution to society while ensuring the safety of the structures and their functions.

5.1.2. Safety engineering principles

In order to embed safety considerations in the early stages of the design process, a set of "safety engineering principles" shall be shared between the Designer and the Investor/Owner that will ensure that the contributions to safety from design and from investment can be properly secured and embedded in the development from the outset. In this regard, it is important to recognize that engineering principles are not "requirements" rather they represent features to be striven for.

In industrial domains basic or "standard" engineering principles have been developed and documented. They are:

- Redundancy: more than one way to achieve the system output;

- Diversity: different ways to achieve the same function;

- Segregation: output served from different directions;

- Defence in depth: large margins of capacity over demand (in all systems – including redundant systems);

- Fault tolerant (include human fault tolerant): a single fault will not cause loss of system function;

- Fail to a safe condition: If the system does fail, it will be rendered to a harmless condition.

Clearly, a dam/reservoir system as a whole would not be expected to display all of these features, but one or more of the features should be provided for various sub-systems within the dam/ reservoir system. In general, the fewer the principles that are achieved the greater the dependence on the quality and robustness of the engineering and system management.

As an example, the redundancy principle implies that "a safety critical system should be designed so that, if possible, the failure of any single component will not prevent the system of performing its function when required. This principle is based on the relatively high probability of a single failure occurring compared to the significantly lower probability of two or more concurrent component failures. While this may be relatively easy to achieve with electronic, electrical and, to some extent, mechanical systems it is more difficult or even impossible to realize with structural features. This difference is mitigated by the respective failure characteristics of the different system types. Electronic and electrical equipment are prone to sudden failure which cannot easily be prevented by condition monitoring or preventive maintenance. Structural and some mechanical systems may be expected to exhibit failure modes which involve progressive degradation mechanisms that, in principle, should be amenable to prevention by monitoring and preventive maintenance. Therefore, the single failure criterion is less critical for structural and some mechanical systems than for electronic and electrical systems. When a component does comprise a single failure point for a system then special care has to be applied to the design quality assurance and performance monitoring of that component. The principle of using well proven equipment becomes even more important." (Ballard and Lewin, 2004).

Par conséquent, le corps du barrage et certains équipements mécaniques devraient respecter certains principes spécifiques de robustesse et de limitation des conséquences de leurs défaillances lors de leur conception et de leur construction, tandis que d'autres composants, tels que les systèmes de commande des vannes de l'évacuateur de crues devraient intégrer la plupart, sinon tous, des principes d'ingénierie susmentionnées. Ces exigences de robustesse, de surveillance et de contrôle des incidents peuvent être appelées principes de « défense en profondeur », tels qu'ils sont définis dans l'industrie nucléaire, et peuvent être efficacement adaptées à la conception et à la construction de barrages.

Afin de traiter les différents composants du projet de barrage (structure de barrage, évacuateur de crues, système de contrôle, etc.) de manière cohérente, les principes d'ingénierie proposés pour les barrages sont divisés en trois catégories : principes fondamentaux de défense en profondeur, principes de conception garantissant la sécurité, et principes d'évaluation de la sécurité.

5.1.3. Principes de la « défense en profondeur »

La « défense en profondeur » est un des principes fondamentaux dans l'industrie nucléaire. Toutes les activités de sécurité, qu'elles soient organisationnelles, comportementales ou liées au matériel, sont contrôlées par des « niveaux » de protections qui se chevauchent de sorte que, si une défaillance produisait, elle serait compensée ou corrigée sans nuire à des personnes individuelles ou plus largement aux populations. Cette idée de niveaux de protection multiples est la caractéristique centrale de la défense en profondeur.

La stratégie de la défense en profondeur est double : d'abord prévenir les incidents et ensuite, si la prévention échoue, limiter les conséquences potentielles des accidents et empêcher leur évolution vers des situations plus graves. La défense en profondeur est généralement structurée en cinq niveaux; seuls quatre d'entre eux peuvent être envisagés pour les barrages. Les objectifs de chaque niveau de protection et les moyens essentiels pour les atteindre dans les aménagements existants sont présentés dans le Tableau 5-1 (qui a été adapté de l'INSAG-12). Si un niveau de protection est défaillant, le niveau suivant est activé, etc. Une attention particulière est accordée aux risques pouvant affecter plusieurs niveaux de défense, tels que les inondations ou les tremblements de terre. Des précautions sont prises pour éviter de tels risques dans la mesure du possible et l'installation et ses systèmes de sécurité sont conçus pour y faire face.

Les principes de défense en profondeur sont plus spécifiquement orientés vers la sécurité opérationnelle. Cependant, ils ont une influence directe sur la conception, et c'est dans ce sens qu'ils sont traités ici.

Tableau 5.1 Niveaux de défense en profondeur (adapté à partir de l'INSAG 12)

Niveaux	Objectif	Moyens essentiels
Niveau 1	Prévention des anomalies et des défaillances de l'exploitation	Hypothèses conservatives de conception, et qualité de la construction et de l'exploitation
Niveau 2	Maîtrise des anomalies et des défaillances de l'exploitation	Systèmes de contrôle, de limitation et de protection et autres moyens de surveillance.
Niveau 3	Maîtrise des accidents prévus dans les hypothèses de conception	Dispositifs techniques de sécurité et procédures en cas d'accident.
Niveau 4	Réduction des conséquences d'un relâchement d'eau important	Intervention d'urgence à l'extérieur du site

Therefore, the dam body and some mechanical equipment would be expected to meet some specific principles of robustness and failure consequences mitigation in their design and construction, while other features such as the spillway gate control systems embodying most if not all of the above features. These requirements of robustness, surveillance and control of incidents can be named "defence in depth" principles, as used for instance in the nuclear industry, and they can be efficiently adapted for dam design and construction.

In order to address the different dam project components (dam structures, spillway, control system, etc.) in a coherent way, proposed engineering principles for dams are split in three categories: fundamental defence in depth principles, safety design principles and safety assessment principles.

5.1.3. Fundamental « Defense in depth » principles

In the nuclear power industry, "defence in depth" is singled out amongst the fundamental principles. All safety activities, whether organizational, behavioural or equipment related, are subject to layers of overlapping provisions, so that if a failure was to occur it would be compensated for or corrected without causing harm to individuals or the public at large. This idea of multiple levels of protection is the central feature of defense in depth.

The strategy for defence in depth is twofold: first, to prevent incidents and second, if prevention fails, to limit the potential consequences of accidents and to prevent their evolution to more serious conditions. Defence in depth is generally structured in five levels; only four of them have been considered for dams. The objectives of each level of protection and the essential means of achieving them in existing plants are shown in **Table 5.1.** (which has been adapted from INSAG-12). If one level is to fail, the subsequent level comes into play, and so on. Special attention is paid to hazards that could potentially impair several levels of defence, such as flooding or earthquakes. Precautions are taken to prevent such hazards wherever possible and the plant and its safety systems are designed to cope with them.

The defence in depth principles are more specifically oriented toward operational safety. However, they have a direct influence on the design, and it is in this sense that they are treated here.

Table 5.1 Levels of defence in depth (adapted from INSAG 12)

Levels	Objective	Essential means
Level 1	Prevention of abnormal operation and failures	Conservative design and high quality in construction and operation
Level 2	Control of abnormal operation and detection of failures	Control, limiting and protection systems and other surveillance features
Level 3	Control of accidents within the design basis	Engineered safety features and accident procedures
Level 4	Mitigation of the consequences of significant releases of water	Off-site emergency response

Les aspects humains sont abordés de manière spécifique dans ces principes de défense en profondeur. Ils comprennent l'assurance qualité, les contrôles administratifs, les revues de sécurité, la réglementation, les limites d'exploitation, la qualification et la formation du personnel et la culture de sécurité.

En conséquence, l'application du concept de défense en profondeur conduit à trois principes fondamentaux :

Principe fondamental 1 : Une *conception conservative*, une construction et une exploitation de qualité (niveau 1 du tableau)

Ceci est obtenu par des choix importants faits lors de la conception : sélection du type de barrage, sélection du type d'évacuateur de crues, emplacement du barrage, pratiques et critères de conception (cas de chargement, facteurs de sécurité, etc.). Ces aspects sont traités plus en détail plus loin dans ce chapitre.

Principe fondamental 2 : Contrôle des comportements anormaux via la *surveillance* et l'auscultation (niveau 2 du tableau)

Ce principe implique l'identification des modes de défaillance afin de concevoir le système de surveillance et de contrôle capable de détecter les effets préliminaires d'une défaillance potentielle. À cet égard, les types, le nombre, l'emplacement et la fréquence de mesure des capteurs de surveillance sont directement déterminés par les modes de défaillance identifiés et leurs cinétiques.

Principe fondamental 3 : Maîtrise des accidents prévus dans les hypothèses de conception par des *dispositions techniques* et des procédures sur la conduite à tenir en cas d'accidents (niveau 3 du tableau)

En cas de détection d'un comportement anormal, les procédures opérationnelles doivent préciser les actions à entreprendre, consistant généralement en un renforcement de la surveillance, des travaux d'urgence, etc. L'action ultime consiste à baisser le niveau de la retenue en utilisant les vidanges de fond, et donc un tel système doit être prévu au niveau de la conception. La débitance de ces vidanges peut être définie en fonction du délai de baisse de la pression hydrostatique considéré comme compatible avec la cinétique du mode de défaillance.

Pour les très grandes retenues il n'est souvent pas possible de baisser ainsi le niveau de la retenue car les débits de vidange sont alors très élevés et causeraient des dommages importants en aval ou bien parce que la dimension des organes de vidange devient prohibitive. Dans ces cas, le seul moyen de contrôler les accidents potentiels est la réalisation de travaux d'urgence, qui devraient donc être prévus pendant la phase de conception. Par exemple, cela peut avoir des conséquences sur la taille des galeries internes pour permettre l'accès au matériel de forage, la disponibilité de stocks de remblais de secours, etc. Des procédures spécifiques, testées périodiquement, doivent être développées dans cet objectif.

Human aspects are specifically addressed in these principles of defence in depth. They include quality assurance, administrative controls, safety reviews, independent regulation, operating limits, personnel qualification and training, and safety culture.

Therefore, applying the defence in depth concept lead to three fundamental principles:

Fundamental principle 1: *Conservative design* and high quality in construction (and operation) (Level 1 of the table)

This is achieved through design practices: dam type selection, spillway type selection, dam siting, design practices and criteria (loading cases, safety factors, etc.), etc. These aspects are addressed in more detail later in this chapter.

Fundamental principle 2: Control of abnormal behaviour and detection of failures, through *surveillance* and monitoring (Level 2 of the table)

This principle implies the identification of the failure modes in order to design the surveillance and monitoring system in a way it could detect the preliminary effects of a potential failure. In this respect, types, number, location and measurement frequency of monitoring sensors are directly driven by identified failure modes and their progression rates.

Fundamental principle 3: Control of accidents within the design basis through *engineered safety features* and accident procedures (Level 3 of the table)

In case of abnormal behaviour detection, operational procedures should indicate the different actions to be undertaken, consisting usually of surveillance enhancement, emergency works, etc. The ultimate action will be to drawdown the reservoir through an emergency outlet system, and therefore such a system must be provided in the design. The output flow capacity of this outlet system can be derived from the rate of drawdown considered as relevant to lower the hydrostatic thrust on the dam upstream face in a delay compatible with the failure mode kinetics.

For large reservoirs it is often not practicable to drawdown the reservoir trough an emergency outlet because the necessary discharge value would cause too important downstream damages, or the size of the outlet would be impracticable. In these cases, the only way to control potential accidents will be emergency works, which should be therefore planned during the design phase. For example, it can have consequences on the size of internal galleries to allow access to drilling equipment, availability of emergency earthfill stocks, etc. Specific procedures, periodically tested, should be developed.

Les deux derniers principes sont de la plus haute importance pour une conception sûre d'un barrage, en raison de la non-redondance de la structure du barrage et de certains équipements hydromécaniques importants comme les grandes vannes d'évacuateur de crues. Cela implique une hypothèse fondamentale :

> *Une défaillance potentielle est toujours précédée par des effets visibles ou mesurables avec un délai suffisant pour mettre en œuvre les actions correctives de sécurité*

La construction d'un barrage serait sinon une des activités les plus dangereuses au monde. Ces considérations soulignent l'importance primordiale :

- De la surveillance pour détecter tout phénomène indésirable;

- Des procédures opérationnelles pour agir rapidement et efficacement en cas de détection de l'initiation d'une défaillance, et;

- De dispositif de vidange capable de faire baisser le niveau de la retenue à une vitesse adaptée à la cinétique de la défaillance observée.

Le niveau 4 des principes de défense en profondeur - intervention d'urgence à l'extérieur du site - est abordé dans le Bulletin CIGB 154, mais devrait être mis en œuvre au stade de la conception et être opérationnel dès le début de la construction.

5.1.4. Exigences fonctionnelles fondamentales

Les exigences fonctionnelles fondamentales (voir §4.4), également appelées « hypothèses de base pour le projet », définissent clairement les cas de charge et les exigences de performances à prendre en compte dans la conception. La mise au point de ces hypothèses de base implique une approche systématique pour identifier tous les cas de charge crédibles (ou « événements ») pour lesquels la conception doit assurer une capacité de résistance et une fonctionnalité des organes hydrauliques adéquates.

Ce principe d'une conception sûre encourage la prise en compte proactive, au stade de la conception, de toutes les conditions de chargement externes (par exemple le séisme), interne (par exemple, la défaillance d'un composant) et d'interface (par exemple, la façon dont un équipement en affecte un autre), les conditions de chargement (y compris les manœuvres demandées par l'exploitant et une éventuelle exploitation inadéquate) auxquelles il est possible que le projet soit soumis.

L'identification de ces « conditions de chargement », conjointement avec une prise en compte complète des fonctions prévues du projet, est une aide à la mise au point de dispositions et de stratégies aboutissant à un barrage ayant les caractéristiques de sécurité souhaitées.

Les caractéristiques de sécurité souhaitables lors de la conception incluent, par exemple, une tolérance aux défauts telle que la défaillance d'un composant unique ne puisse, à elle seule, déboucher sur une situation dangereuse.

Des stratégies appropriées pour atteindre de telles caractéristiques peuvent comprendre, par exemple, la fourniture d'un système de secours pour prendre le relais du système primaire en cas de défaillance.

Il convient également de tenir pleinement compte de la manière dont le personnel d'exploitation peut interagir en toute sécurité avec les différents organes dans la plage attendue de conditions de fonctionnement normales et anormales.

The two last principles are of the highest importance for dam safe design, due to the non-redundancy of the dam structure and some important hydro-mechanical equipment as large gates. It implies a fundamental hypothesis:

A potential dam failure is always preceded by visible or measurable effects, with a sufficient delay to undertake relevant safety actions

If it would not be the case, dam building could be considered as one of the most dangerous activities in the World. These considerations emphasize the paramount importance

- of surveillance to detect any undesirable phenomenon

- of operational procedures to act rapidly and efficiently in case of detection of failure initiation, and

- of a facility able to relieve the thrust of the reservoir at a rate and a value relevant with the severity of the observed dam behavior.

The level 4 of Defence in depth principles – off-site emergency response – is addressed in the Bulletin 154, but should be implemented at the design stage and be operational from the start of construction.

5.1.4. Key capability requirements

The key capability requirements (see §4.4) also referred to as the 'design basis' are a clear statement of the load cases and performance demands to be taken into account in the design. The development of the design basis involves a systematic approach in identifying all credible load cases (or 'events') for which the design must possess adequate withstanding capacity and hydraulic functionality.

This safety design principle urges the proactive consideration at the design stage of all external (e.g. earthquake), internal (e.g. component failure) and interface (e.g. how one device affects another) loading conditions (including operator demands and possible misoperation) to which the design may credibly be subjected.

Identification of these 'loading conditions', in conjunction with a full consideration of the intended functions of the design, helps with the development of a solution which employs appropriate strategies to give the overall structure or system the desired safety characteristics.

Desirable safety characteristics in a design include, for example, a tolerance of faults such that no single points of failure within the design are able, on their own, to give rise to an unsafe condition.

Appropriate strategies to achieve such characteristics may include, for example, the provision of a back-up system to take over from the primary system in the event of failure.

Full consideration should also be given to how operational staff can safely interact with the design under the expected range of normal and abnormal operating conditions.

Il existe bien sûr des combinaisons de sollicitations de très faible probabilité ou ayant un impact négligeable qui peuvent être considérés comme étant « au-delà des hypothèses de conception » et vis-à-vis desquelles le concepteur n'est pas tenu de démontrer une quelconque capacité de résistance. Un exemple classique consiste à ne pas considérer l'occurrence simultanée d'une crue extrême et du séisme de sécurité. Selon le projet, il peut exister d'autres combinaisons de charges extrêmes qui peuvent être rejetées. À contrario des occurrences séquentielles de sollicitations importantes ou extrêmes doivent être examinées.

Dans tous les cas, il faut éviter l'apparition d'effet « falaise » qui peut conduire à une défaillance brutale en cas d'atteinte ou de léger dépassement des hypothèses.

5.2. PRINCIPES DE SÉCURITÉ POUR LA CONCEPTION

5.2.1. Choix du site

1° principe : le choix d'implantation des installations et des structures de l'aménagement tiendra compte des aléas naturels et des risques liés à l'environnement.

La vulnérabilité du projet d'aménagement devra être étudiée pour le site choisi. Tous les aléas naturels tels que les crues, les séismes, les feux de forêt, etc. auxquels les installations peuvent être exposées seront pris en compte dans la conception initiale, sauf à trouver un site présentant certains niveaux d'aléas suffisamment faibles pour ne pas les considérer. Les risques industriels externes sont également pris en compte : barrages à l'amont, installations industrielles pouvant générer des corps flottants en cas de crues, etc.

Les crues et les séismes sont des cas de sollicitations habituels, et les valeurs à retenir sont généralement définies soit par la réglementation du pays, soit par les standards internationaux. Le choix de l'emplacement du barrage n'a généralement pas d'influence sur la modélisation de cette sollicitation sur le barrage, sauf si une faille active est présente en fondation.

À contrario, la meilleure connaissance possible des caractéristiques géotechniques et géologiques est essentielle pour une implantation optimale du barrage. Cela peut souvent conduire à déplacer l'emplacement du projet afin de trouver des conditions géotechniques plus favorables, voire même à changer le type de barrage. L'importance d'investigations approfondies, intégrant toutes les incertitudes présentes, ne sera jamais suffisamment soulignée. L'objectif de ces investigations est de déterminer un emplacement approprié pour le barrage, mais aussi de rechercher des matériaux de construction adéquats pour l'ensemble des ouvrages. Ceci étant dit, il convient de garder à l'esprit la nécessaire adaptation du projet aux risques géologiques / géotechniques, et la réactivité à avoir en cas d'imprévus ou d'évolution des caractéristiques géologiques rencontrées.

Les considérations précédentes s'appliquent aussi pleinement au choix de l'emplacement et à la conception des ouvrages de dérivation : leur niveau de protection contre les crues, avec une période de retour donnée, est étudié en prenant en compte le risque d'inondation du chantier, et les enjeux de sécurité qui sont fonction du type de barrage.

2° principe : le choix du type de barrage et de l'évacuateur de crues sera fait en considérant les impacts sur tous les enjeux de sécurité du projet.

There are, of course, load cases which, on the grounds of extreme low frequency or negligible impact can be argued to be 'beyond the design basis' and against which the design need not demonstrate any withstand capability. One classical example consists in not considering the simultaneous occurrence of the largest design flood and the largest design earthquake. Depending upon the project there might be other combinations of extreme loads which can be discarded. However sequential occurrences of large or extreme loads should be considered.

In all cases it is appropriate to seek a ductile design at the edge of the design envelope to avoid brittle failure of the dam in the event of the design capacity being exceeded.

5.2. SAFETY DESIGN PRINCIPLES

5.2.1. Siting and Layout

Principle 1: Facilities and structures shall be sited with due consideration of the hazards posed to them by their environment.

The vulnerability of the proposed new facility itself at its proposed location shall be considered. The all external hazards such as flood, earthquake, forest fire, etc. to which the new facility might be exposed need to be included in the design basis for the facility, unless a lower risk location can be found which eliminates such considerations. These hazards must include risks posed by industrial assets: upstream dams, industrial facilities that could generate obstacles in case of floods events, etc.

Floods and earthquakes are classic external loadings, and the values to be considered are generally defined by regulations of the country or internationally recognized standards. The choice of the dam location cannot generally change the way it will be affected by these loading cases except in the presence of active faults in the foundation.

On the contrary, the best possible knowledge of geotechnical and geological conditions of the selected site is essential for an optimal dam layout. This can often lead to move the dam to find better geotechnical conditions, or even change the type of dam. The importance of thorough investigations, taking into account uncertainties at all levels can never been enough emphasized. Objectives of investigations are to select a relevant location of the dam but also to search for adequate materials for the dam and appurtenant structures. Doing so one must bear in mind the necessary adaptation to geological and/or geotechnical hazards and necessary reactivity in case of unplanned events and/or geological features during the construction phase.

The previous considerations apply also fully to the diversion works location and design: the protection against a flood with a given return period is established considering the risk of flooding of the construction site, and safety aspects depend on the type of dam.

Principle 2: Choice of the dam type and spillway type shall be done with due consideration of their impact on the overall project safety.

Le choix du type de barrage est certainement la décision la plus importante du projet. De nombreux critères, explicites ou implicites, sont pris en compte. Du point de vue de la sécurité, il est évident qu'en un emplacement donné, certains types de barrages seront plus sûrs que d'autres. C'est surtout le cas vis-à-vis des sollicitations générées par les séismes et les crues, que supporteront mieux certains types de barrages. Par conséquent, il est important de proposer plusieurs variantes, en affichant de manière explicite le poids des enjeux de sécurité dans les critères de sélection.

On applique la même approche pour le choix du type d'évacuateur de crues. Plusieurs éléments devraient être examinés pour ce choix : la dynamique des crues, le risque d'embâcles sur le bassin, la proximité de l'exploitant, la disponibilité de sources d'énergie de secours etc. On considère parfois qu'envisager une ou deux passes non vannées est une bonne pratique. Ce choix entre fonctionnalité « passive » ou « active » dépend des critères ci-dessus et peut être vu comme l'une des décisions de deuxième rang primordiale pour la conception d'un barrage.

5.2.2. Pratiques d'ingénierie éprouvées

3° principe : la conception du barrage repose sur des pratiques d'ingénierie éprouvées et validées par l'expérience.

Lorsqu'elles existent, les opportunités d'amélioration ou d'innovation dans la conception du projet seront envisagées avec prudence, évaluées et accompagnées d'essais, afin de tirer des conclusions robustes quant à la sécurité des structures. La conception et la construction de nouveaux types de barrages s'appuient, autant que faire se peut, sur l'expérience de précédents projets ou sur les résultats de programmes de recherche et sur l'exploitation de prototypes de taille représentative. Dans le cas d'opinions divergentes ou de positions contradictoires des parties impliquées dans la conception et la construction, le propriétaire du barrage doit régler le litige de manière à ce que les exigences minimales des services chargés de la réglementation et du contrôle soient satisfaites à l'issue des débats.

Les systèmes et leurs composants sont conçus de manière conservative, construits et testés selon des normes appropriées aux objectifs de sécurité. On utilise des codes et des normes, dont l'adéquation et l'applicabilité sont contrôlées, et qui sont complétés ou modifiés si nécessaire. Ces codes doivent être à la fois fiables et robustes. Ils reposent sur des méthodes validées par des travaux de recherche, des mises en œuvre passées, des essais et des analyses de fiabilité (voir par exemple le bulletin CIGB 123).

Des méthodes reconnues de fabrication et de réalisation sont mises en œuvre. Le recours à des fournisseurs expérimentés et qualifiés contribue à la confiance que l'on pourra accorder à la performance de composants importants. Les modifications de processus de fabrication et de méthodes de réalisation, ayant fait leur preuve, ne seront approuvées qu'après démonstration de leur conformité aux exigences. Une fabrication et une construction de qualité sont garanties par l'application de normes adaptées et par l'emploi d'un personnel sélectionné, formé et qualifié. Le recours à des pratiques d'ingénierie confirmées s'applique durant toute la vie de l'aménagement. En cas de réparations ou de modifications, une analyse est menée et une revue effectuée pour s'assurer que le système demeure dans une configuration conforme à l'analyse de sécurité et aux spécifications techniques. Quand de nouvelles questions sur la sécurité sont soulevées, une nouvelle analyse est effectuée.

Ces analyses sont totalement prises en compte par le processus d'approbation de l'exploitant et des services chargés de la régulation et du contrôle.

The choice of the dam type is certainly the most important for a dam project. Many criteria are explicitly or implicitly taken into account. From a safety point of view, it is obvious that some types of dams are safer at a given location than others. It is mostly the case for earthquakes and flood loading that some dam types withstand better than others. It is therefore important to develop several variants and explicitly take into account the safety aspects in the selection criteria.

The same applies to the choice of spillway type. Several criteria should be considered for this choice: kinetics of the expected floods, debris yield of the catchment, proximity of operators, availability of reliable power supply etc. It is sometimes considered that providing one or two ungated sills in combination with a gated spillway is a good practice. This choice between "passive" and "active" functionality depends therefore on the above criteria and can be considered as one of the second more important decision in a dam design.

5.2.2. Proven engineering practices

Principle 3: Dam design is based on engineering practices that are proven by testing and experience

If opportunities for advancing or improving the existing design practice are available and seem appropriate, such changes should be applied cautiously and subjected to necessary testing and evaluation in order to develop proper conclusions for the safety of the structures. The design and construction of new types of dams are based as far as possible on experience from earlier projects or on the results of research programs and the operation of prototypes of an adequate size. In case of differential opinions and/or contradictory positions arising between the several actors involved during design and construction the Owner has to settle the debate in a way that the minimal requirements of the Regulatory Agency can be satisfied with the outcome of the dispute.

Systems and components are conservatively designed, constructed and tested to quality standards commensurate with the safety objectives. Approved codes and standards are used whose adequacy and applicability have been assessed and which have been supplemented or modified if necessary. These codes have the simultaneous objectives of reliability and safety. They are based on principles proven by research, past application, testing and dependable analysis (see for example ICOLD Bulletin 123).

Well established methods of manufacturing and construction are used. Dependence on experienced and approved suppliers contributes to confidence in the performance of important components. Deviations from previously successful manufacturing and construction practices are approved only after demonstration that the alternatives meet the requirements. Manufacturing and construction quality is ensured through the use of appropriate standards and by the proper selection, training and qualification of workers. The use of proven engineering continues throughout the dam scheme lifetime. When repairs and modifications are made, an analysis is conducted and a review is made to ensure that the system is returned to a configuration covered in the safety analysis and the technical specifications. Where new safety questions are posed, a new analysis is conducted.

These considerations are an integral part of the approval process by operating organizations and regulatory authorities.

5.2.3. Matériaux et méthodes répondant aux enjeux de sécurité

4° principe : la conception des structures, des systèmes et des composants prévoit des matériaux et des méthodes qui facilitent les travaux, minimisent les risques de sécurité des travailleurs durant le chantier et pendant l'exploitation, et minimisent la probabilité de générer des défauts.

La bonne performance et la sécurité d'une installation, tout au long de sa vie, se joue dès la phase de conception. L'accent mis sur ses performances et sa robustesse en exploitation prime souvent sur le rôle et les responsabilités de ceux qui vont créer et construire l'installation. Beaucoup peut être fait au stade de la conception pour rendre plus sûres ces activités. Un bon exemple est la mise en place de points de levage par anticipation sur les gros équipements de l'usine, plutôt que de laisser aux équipes d'installation la tâche de mettre en place des systèmes d'élingage sûrs.

Il est également important de maximiser la probabilité qu'auront la structure, les systèmes et les composants à répondre aux objectifs de conception, et aussi à éviter les défauts qui pourraient compromettre le respect des exigences de sécurité. On insiste sur le fait que le soin apporté au choix des matériaux et des méthodes minimise la probabilité d'apparition de tels défauts.

Les équipements doivent être placés et disposés de telle sorte qu'ils soient faciles à inspecter, à maintenir et réparer si nécessaire. Ceci est souvent évident et facile à réaliser pour les gros composants mécaniques (vannes), mais doit être également étudié pour les équipements électriques et de contrôle-commande. La même recommandation vaut pour les capteurs, le matériel d'auscultation, etc.

Enfin, on pourrait prendre en compte la sécurité lors du démantèlement dès la phase de conception, en envisageant comment celui-ci pourrait être réalisé de manière simple et aisée.

5.2.4. Maintien des fonctionnalités des installations sur leur durée de vie

5° principe : la conception des structures, des systèmes et des composants intègre le besoin de maintien des fonctionnalités des installations sur leur durée de vie, et définit les moyens et procédures de sécurisation et de contrôle de leur fonctionnement.

Toutes les installations industrielles sont créées et exploitées pour satisfaire une ou plusieurs fonctions. Pour un barrage, des fonctions caractéristiques sont « retenir ou faire transiter de manière sûre un volume d'eau », ou pour un disjoncteur « isoler électriquement en cas de besoin ». Le propriétaire est directement concerné par le maintien de ces fonctions sur toute la durée de vie des installations. Et certaines de ces fonctions, citées en exemple, peuvent être considérées comme des « fonctions de sécurité ».

Il est important d'identifier ces fonctions dès la phase de conception, et d'étudier comment elles pourront être assurées et vérifiées pendant toute la durée de vue du barrage. La conception doit permettre, de manière pratique et aisée, la réalisation des activités d'essais, d'inspection et de réparation, en ayant pour objectif de simplifier la restauration et la justification des performances fonctionnelles.

5.2.3. Safe materials and methods

> **Principle 4:** The design of structures, systems and components should adopt materials and methods which ease the works, minimize the risks of harm to workers during construction and operation and which minimize the likelihood of introducing defects.

The successful and safe through-life performance of any asset starts at the design stage. The focus on in-service performance and capability often takes precedence to the consideration of the roles and duties of those who will have to create and assemble the asset. Much can be done at the design stage to make these activities safer. An example would be the incorporation of designated lifting points into item of plant rather than leaving it to the installation team to work out a safe slinging arrangement.

It is also important to maximize the likelihood of the structure, system or component entering service able to fully meet the design intent and as free as possible from defects which might compromise fulfilling of its safety duty. Again, by attentive consideration to materials and methods, the likelihood of such defects can be minimized.

Equipment should be located and practically arranged in a way that they will be easy to inspect, maintain, and repair if necessary. This is obvious and often easy to achieve for hydro mechanical heavy components (gates), but should be assessed for all the electrical and control system equipment. The same recommendations can be done for gauges, monitoring system, etc.

Finally, attention could be paid at the design stage to make decommissioning and disposal activities safer, simply by giving due consideration in advance to how such tasks might be approached and what can be done to ease and assist them.

5.2.4. Preserving asset function through life time

> **Principle 5:** Design for structures, systems and components should give due consideration to the preservation of asset function through-life and to the means by which such functions can be safely preserved and verified.

All industrial assets are developed and employed to fulfil one or more functions. Typical functions might be for a dam to 'retain or safely pass a volume of water' or for a circuit breaker to 'provide electrical insulation on-demand'. The Owner of an asset is concerned, through-life, with the preservation of such functions. Some functions, like the examples given, can be said to be 'safety functions'.

It is important at the design stage to identify functions and consider the means by which they may be preserved and verified through-life. Designs should thus aid, accommodate and support simple and safe processes of testing, inspection and repair with the objectives of making it easy to restore and confirm functional performance.

5.2.5. Règles spécifiques aux équipements mécaniques, électriques et de contrôle-commande

6° principe : les systèmes de sécurité doivent être conçus comme des ensembles fonctionnels et respectent des exigences de fiabilité.

Seuls les matériels remplissant une fonction de sécurité sont abordés dans ce bulletin. Les fonctions de sécurité sont celles qui contribuent au contrôle du niveau d'eau du réservoir ou au transit de flux par le barrage. Il est important, tout d'abord, de définir les fonctions assurées par ces systèmes avant de regarder quels sont les matériels qui vont contribuer à chaque fonction. Les systèmes fonctionnels répondent aux besoins spécifiés par le concepteur du projet. Par exemple, on doit trouver dans ces spécifications usuelles les charges externes (poussée de l'eau, température en service, résistance à la corrosion, etc.); mais il faut ajouter des exigences en termes de fiabilité et de délais de remise en service. Définir judicieusement les exigences de fiabilité implique d'avoir la connaissance des risques associés au dysfonctionnement du système. Cela signifie que l'analyse des risques du barrage doit inclure les scénarios de dysfonctionnement de ces ensembles fonctionnels, en évaluer les conséquences, et leur affecter une juste probabilité de dysfonctionnement. Cette exigence de fiabilité est une partie du concept plus général de niveau de sécurité intrinsèque.

La conception d'un ensemble fonctionnel n'est finalement pas différente des pratiques en vigueur dans le domaine industriel. Et il convient de retenir les points majeurs suivants :

- La conception d'ensembles fonctionnels pour les barrages nécessite souvent une approche multidisciplinaire : mécanique, électricité, télécommunications etc.

- Les principes « classiques » de sécurité en conception (redondances matérielles et fonctionnelles, etc.), tels que définis en 5.1.2 ci-dessus, sont particulièrement bien adaptés et seront utilisés pour ces systèmes.

- Des méthodes d'ingénierie éprouvées seront appliquées. Parmi ces méthodes, l'analyse de risques, de type AMDE ou équivalente, devrait être systématiquement conduite pour évaluer le système.

- Des technologies éprouvées seront retenues pour le choix des équipements. Typiquement, les équipements concernés sont :

  - Alimentations de secours : lignes électriques, groupes électrogènes

  - Commande des vannes : moteur électrique, moteur diesel en prise directe, manivelles

  - Capteurs de mesure du niveau d'eau et moyens de transmission à distance

  - Vannes et capteurs de position

  - Systèmes de contrôle

- L'usage d'un système qualité est obligatoire pour toutes les entités : fabricants, fournisseurs et installateurs. C'est le meilleur moyen de garantir et démontrer la qualité des composants des équipements.

- Les essais et les vérifications pendant la construction et la mise en service devraient inclure des contrôles intrinsèques des composants, et des tests fonctionnels d'ensemble.

5.2.5. Specific principles for mechanical, electrical and control system equipment

> **Principle 6:** Safety equipment should be designed as functional systems and include reliability requirements.

Only devices fulfilling a safety function are discussed in this bulletin. The safety functions are those that play a role in controlling the reservoir level or the transit flows through the dam. It is important to first define the functions that will be performed by these systems before turning to the equipment that will ensure the required function.

Functional systems meet the needs that must be specified by the Designer of the project. For example, one should find in these requirements "standard" expectations about external loads (thrust of the water, operating temperature, corrosion resistance, etc.); but one must add requirements about reliability and time required for a return to service. To set wisely reliability requirements implies having knowledge of the risks associated with the system malfunction. This means that the risk analysis made for the dam must include dysfunction scenarios of these functional systems to assess their consequences, and to set the required probability of no-dysfunction. This reliability requirement forms part of the broader concept of Safety Integrity Level (SIL).

Designing a functional unit in the field of dams is then not different from what is practiced in the industry. One can note the following important aspects:

- Designing a functional system in the field of dams often requires multidisciplinary skills: mechanical, electrical, electronic transmission, etc.

- The "classical" safe design principles (redundancy, diversity, etc.), as defined in **5.1.2.** above, are particularly well adapted and shall be observed for these systems.

- Proven engineering practices shall be applied. Among them methods as FMEA or equivalent should be systematically used to assess the system.

- Proven technologies shall be adopted for the choice of equipment. Typical equipment addressed will be:

  - Backup power: transmission lines, backup generators

  - Gates actuator: electrical motor, gasoline motor acting directly on the hoisting equipment, handle system.

  - Water level gauges and telemetry

  - Gates and moving equipment position gauges

  - Control system

- The use of standard rules of quality assurance is mandatory for all entities: Manufacturer, Supplier and Installer. It is the best way to ensure and to demonstrate the quality of the pieces of equipment.

- Tests and checks during the construction and the commissioning phases should include intrinsic individual controls of each piece of equipment and, above all, global functional tests of the system as a whole.

169

5.3. PRINCIPES D'ÉVALUATION DE LA SÉCURITÉ

L'évaluation de la sécurité est le processus par lequel la sécurité et les niveaux de performance du projet de barrage sont vérifiés. Elle requière l'usage de méthodes et outils analytiques, déterministes et numériques pour le calcul des contraintes, des déplacements, des pressions, avec pour objectif la vérification de la performance globale du barrage ainsi que la mise au point et la définition détaillée d'aspects particuliers du projet. L'évaluation de sécurité effectue une revue critique et systématique des scénarios de défaillance du barrage, des structures, des systèmes et des composants, et identifie leurs conséquences éventuelles.

Cette évaluation de sécurité devrait être faite avant la construction et le début d'exploitation du barrage. Les résultats sont documentés de manière suffisamment détaillée pour que des audits indépendants de son contenu, de son traitement et de ses conclusions soient possibles. Les documents seront mis à jour en regard des éventuelles nouvelles considérations de sécurité à prendre en compte.

Le rapport d'analyse des risques et sa revue par les services chargés de la réglementation et du contrôle ou par un panel d'experts est un élément fondamental pour délivrer l'autorisation de construire et d'exploiter, en démontrant que toutes les questions de sécurité ont été résolues de manière satisfaisante ou pourront être résolues.

Le processus d'évaluation de la sécurité est effectué périodiquement au cours de la vie du barrage, totalement ou partiellement, lorsque des progrès en sécurité et en exploitation sont possibles et conseillés.

5.3.1. Commentaires généraux sur le niveau de sécurité requis

Historiquement, le concepteur ne se préoccupait du niveau de sécurité requis pour le barrage qu'à un stade assez avancé des études de conception, lorsque les hypothèses de dimensionnement devaient être définies.

Le bulletin CIGB 61 sur les critères de conception des barrages indique que l'objectif global est de créer une « *structure incluant sa fondation et son environnement qui, de manière économique :*

- Remplit de manière satisfaisante sa fonction sans détérioration notable pour les **conditions normales** prévues au cours de son existence,

- Ne connaîtra pas de rupture catastrophique dans des conditions **très improbables, mais possibles**, qui pourraient survenir. »

Ainsi, la conception classique des barrages spécifiait prioritairement les « états limites de conception des structures » pour des chargements hydrauliques et sismiques extrêmes, et spécifiait des « critères de dimensionnement en service des structures » à partir des conditions d'exploitation prévues. Ces critères de dimensionnement en service concernaient habituellement les critères de stabilité, l'état limite de déformation, les fuites et les pressions interstitielles admissibles, et regardaient la « stabilité intrinsèque » au travers de phénomènes susceptibles d'affecter les matériaux (érosion interne, réaction alcali-granulats etc.).

D'un point de vue scientifique, la conception d'un barrage a toujours été abordée par une approche réductionniste, dans laquelle le projet global est divisé en sous-ensembles matériels, chacun analysé et conçu séparément, puis réassemblés pour reconstituer l'ensemble. Cette approche réductionniste de la conception s'est avérée largement positive pour un dimensionnement sûr des structures. Cependant, la connaissance de la performance réelle de cette approche est limitée par le retour d'expérience, dans la mesure où la plupart des barrages ne sont jamais « totalement éprouvés » au regard de toutes les hypothèses de conception. En fait, et en dehors des principales faiblesses rencontrées lors des premières années d'exploitation, il faut souvent attendre de nombreuses années pour s'assurer de la réponse adéquate des barrages vis-à-vis des critères de dimensionnement en service retenus.

5.3. SAFETY ASSESSMENT PRINCIPLES

Safety assessment is the process by which the safety and performance levels of the conceived dam are evaluated. It implies the use of analytical, physical and numerical tools to calculate stresses, displacements, pressures, with the objective of verifying the overall expected performance of the dam as well as to refine and tightly define individual features of the design. Safety assessment includes systematic critical review of the ways in which the dam, structures, systems and components might fail, and identifies the consequences of such failures.

This assessment should be undertaken before construction and operation of a dam scheme begins. The results shall be documented in detail to allow independent auditing of the scope, depth and conclusions of the critical review. It will be subsequently updated in the light of significant new safety information.

The safety analysis report and its review by the regulatory authorities or independent Board of Experts constitute a principal basis for the approval of construction and operation, demonstrating that all safety questions have been adequately resolved or are amenable to resolution.

The safety as assessment process is repeated in whole or in part as needed later in the dam's lifetime if ongoing safety research and operating experience make this possible and advisable.

5.3.1. General considerations of the required level of safety

Historically, consideration of the required level of safety of a dam has been a matter for the Designer that became typically introduced at mid-stage of design when design parameters are being formalized.

ICOLD Bulletin 61 on Dam Design Criteria states that the overall objective is to create a *"structural form together with the foundation and environment which, most economically:*

- performs satisfactorily its function without appreciable deterioration during the conditions **expected normally** to occur in the life of the structure and,

- will not fail catastrophically during the **most unlikely but possible** conditions which may be imposed."

Thus, in classical dam design the primary consideration has been for the specification of the "ultimate structural limits of design" for extreme hydraulic and seismic loads, and for the specification of "structural serviceability parameters" under all anticipated operational conditions. These structural serviceability considerations typically involved stability requirements, deformation limits, seepage and hydraulic pressure limits and "internal stability" considerations associated with matters such as material stability (internal erosion, alkali-aggregates reactivity etc.).

From a scientific perspective, it has always been assumed that dam design is a reductionist endeavour, whereby the whole project is subdivided into physical parts, each part is analysed and designed separately, and the parts of the design are assembled into the whole. This reductionist approach of design has for the most part proved to be immensely successful over the years with respect to assurance of the structural safety of dams. However, precisely how successful it has been is limited by experience, as for their most part dams can never be "fully commissioned" for all as-designed conditions. In fact and apart from the most serious weaknesses in serviceability performance that typically manifest themselves within the first years of service it often takes many years to establish the adequacy of the structural serviceability of dams.

Ces dernières années, une prise de conscience du besoin d'aller au-delà des états limites des structures et des critères de dimensionnement en service, en considérant les domaines de l'exploitation et du management, a émergé. Ces domaines de l'exploitation et du management vont bien au-delà de l'exploitation « temps réel » et intègrent les objectifs du propriétaire du barrage sur la durée de son investissement, avec des conséquences sur tout le cycle de vie. Les décisions prises au cours des premières étapes du processus de développement du projet de barrage peuvent ainsi influencer significativement la nature et le niveau d'efforts à consentir ultérieurement pour assurer une exploitation sûre du barrage pendant toute sa vie. Les décisions précoces peuvent aussi impacter significativement la nécessité et les possibilités de reconversion ou de démantèlement du barrage. Ce qui est différent d'une approche unique par la définition des états limites des structures et de choix de dimensionnement en service, qui sont essentiellement des objectifs de dimensionnement structurels, indépendants des choix de développement du propriétaire.

5.3.2. Classification au titre de la sécurité et standards de sécurité

1° principe : les fonctions des structures, des systèmes et des composants doivent être identifiées et classées selon les enjeux de sécurité associés.

Le classement d'un barrage dépend habituellement de la législation, la plupart des pays ayant défini dans leur réglementation des critères de classification. Ces critères sont généralement déterminés à partir des conséquences de rupture ou de caractéristiques géométriques, ou les deux à la fois.

Le classement d'un barrage entraîne l'obligation de respecter les prescriptions de sécurité définies par le pays ou une juridiction. Les critères peuvent être formulés de manière générale en termes de responsabilité légale, ou peuvent spécifier les niveaux d'aléas de crue ou de séisme à retenir pour les projets. La spécification complète de « standards de sécurité » n'est pas une pratique courante, et seule des obligations légales à caractère général s'appliquent. Dans un tel cadre, la prise en compte de la sécurité en phase de conception peut se limiter à :

- Respecter les lois et règlements en vigueur,

- Se conformer aux règles de l'art et bonnes pratiques en vigueur.

Quand la sécurité d'exploitation dépend de l'intégrité et/ou de la fiabilité des structures des systèmes et des composants, alors les évènements retenus pour la conception doivent être identifiés et le projet doit démontrer sa robustesse vis-à-vis de ces évènements et indiquer les marges disponibles pour chacun d'entre eux.

La profondeur d'analyse et d'évaluation de la conception de chacun des éléments doit être adaptée à leur classification au titre de la sécurité. La finalité de la classification des différents éléments est de permettre une priorisation pour leur évaluation de sécurité, en accordant plus d'importance et d'attention à ceux à plus fort enjeu. De fait, une telle classification suit un processus itératif qui accompagne le développement et l'avancement des études de conception.

Des exemples de classifications des barrages sont disponibles dans le document du Comité sur la sécurité des barrages : *« Règlementation de la sécurité des barrages : un aperçu des pratiques actuelles dans le monde »*.

In recent years awareness for considering substantially more than the ultimate structural limits and the structural serviceability limits and including a vast array of operational and management considerations has emerged. These operational and management considerations go far beyond "real-time" operational matters and include considerations that are embedded in the Owner's objectives for the entire investment in the dam and the associated management objectives over the whole life cycle. Decisions made during early stages in the dam development process may significantly influence the nature and level of effort required to ensure the operational safety of the dam during the whole life-cycle. Early stage decisions can also significantly influence dam renewal or dam decommissioning opportunities. This is in contrast to the structural limit state and the structural serviceability state that are essentially structural design objectives independent of the development choices of the Owner.

5.3.2. Safety Classification and Standard

Principle 1: The functions of structures, systems and components shall be identified and classified according to their overall significance to safety.

The classification of a dam is usually based on legislation, most countries having defined in their regulations classification criteria. These criteria are mainly based on failure consequences or geometry or both.

The classification of a dam then involves requirements to meet specific safety criteria that are established in a country or jurisdiction. These criteria may be of a general nature in terms of legal duties or the criteria might specify the "Inflow Design Flood" (IDF) or the "Design Basis Earthquake" (DBE). Complete specification of the "safety standards" for dams is generally not done and, in many cases, general legal duties might apply. Under such circumstances provision for safety in the design could be in terms of:

- compliance with the prevailing laws and regulations, and

- conformance to generally accepted good practices

Where safe operational performance is depending on the integrity and/or reliability of structures, systems and components, then the design basis events shall be identified and the design shall be analysed and assessed to demonstrate that it can withstand these events and the margin by which this is accomplished in each case.

The level of analysis and assessment should be proportionate to the safety classification of each design element. The purpose of classifying the various elements of the design is to allow for some prioritization in the safety assessment with those elements most significant to safety receiving the greatest attention and scrutiny. Inevitably such classification is an iterative process as the design develops and matures.

Examples of dam classifications can be found in the document developed by CODS: "Regulation of Dam Safety: An overview of current practice world wide".

5.3.3. Évaluation de la performance

> **2° principe :** Les hypothèses de dimensionnement doivent être minutieusement établies et documentées, de sorte que tous les cas de charge plausibles et toutes les exigences soient identifiés, évalués et quantifiés lorsque cela est possible et justifié.

La vérification d'un projet de barrage comprend généralement le contrôle du comportement structurel de l'ouvrage, et la vérification du fonctionnement hydraulique des ouvrages annexes de sécurité (déversoir et vidange de fond).

5.3.3.1. Performance structurelle

La vérification de la stabilité structurelle comprend les étapes suivantes :

- Évaluation des charges externes (crues, séismes, conditions climatiques) : les recommandations sur les méthodes à utiliser pour ces évaluations sont décrites dans les bulletins de la CIGB.

- Évaluation des propriétés des matériaux qui ont un rôle dans la stabilité du barrage. Le terme « matériaux » comprend ici les fondations, les sols et roches, ainsi que les matériaux utilisés pour la construction du barrage, béton, sol et roche extraits de carrières ou de ballastières, etc.

- Évaluation de la performance : de nombreuses méthodes peuvent être mises en œuvre, depuis les méthodes les plus simples du type d'équilibre limite jusqu'aux modèles numériques plus complexes utilisant des lois élaborées de comportement des matériaux (comportements non-linéaires, modèle couplé eau-sol-structure, analyse thermo mécanique, etc.) visant une modélisation la plus réaliste possible du comportement du barrage. Une bonne pratique consiste à commencer par des méthodes simples puis à raffiner les méthodes d'analyse à l'aide de critères basés sur la classe de sécurité du barrage et les résultats obtenus des premières analyses.

- Comparaison des résultats d'analyse avec les critères de performance : ces critères de performance doivent être décidés a priori entre le Propriétaire et le Concepteur. Les recommandations ou règles du Service de Contrôle (si disponibles) doivent également être prises en compte. Il s'agit généralement des valeurs limites tolérables pour des facteurs de sécurité, les déplacements, les sous-pressions, etc.

Les cas de charge et les exigences de performance constituent les « hypothèses de conception » ou « exigences fonctionnelles fondamentales » qui doivent être prises en compte lors de la conception et convenues entre le Concepteur et le Propriétaire.

Pour l'évaluation de la performance, deux méthodes complémentaires, déterministe et probabiliste, sont couramment utilisées. Ces méthodes sont utilisées conjointement pour évaluer et améliorer la sécurité de l'ouvrage.

5.3.3. Performance assessment

Principle 2: The design basis shall be thoroughly established and recorded, such that all credible loading and performance demands on the design are identified, assessed, and quantified where appropriate and possible.

Verification of a dam project generally includes checking the structural behaviour of the works, and verification of hydraulic operation of the safety appurtenant works (spillway and bottom outlet).

5.3.3.1. Structural performance

Verifying the structural stability comprises the following steps:

- Evaluation of external loading cases (floods, earthquakes, climate conditions): recommendations on methods that can be used for these evaluations are described in ICOLD bulletins.

- Evaluation of material characteristics having a part in the dam stability. The term "material" means here foundations, soils or rock, as well as the materials used to build the dam, concrete, soil and rock extracted from quarries or borrow pits, etc.

- Performance evaluation: many analysis methods can be implemented from the simplest methods of the limit equilibrium types to more complex numerical models using refined material constitutive laws (nonlinearities, coupled water-soil-structure model, temperature effects, etc.) aiming to a more realistic simulation of the dam behaviour. A good practice is to start with simple methods and to refine the methods of analysis with criteria based on the safety classification of the dam and the results obtained from the first analysis.

- Comparison of analysis results with the performance criteria: these performance criteria should be decided a priori between the Owner and the Designer. Guidelines or technical rules from the Regulator (where available) should be also considered. These are generally the permissible limit values for safety factors, displacement, uplift, etc.

The load cases and performance demands constitute the 'design basis" or "key capability requirements" which have been considered in the development of the design and agreed between the Designer and the Owner.

For the performance evaluation, two complementary methods, deterministic and probabilistic, are currently in use. These methods are used jointly in evaluating and improving the safety of the design.

Dans la méthode déterministe, les événements pris en compte pour la conception sont choisis pour couvrir une gamme d'événements initiateurs potentiels. Les analyses servent à démontrer que la réponse du barrage et de ses organes de sécurité aux hypothèses de conception de base satisfait les spécifications prédéfinies à la fois pour la performance du barrage lui-même et pour ses objectifs de sécurité. Il s'agit d'une approche « standard ». La méthode déterministe met en œuvre des analyses d'ingénierie reconnues afin de prévoir le déroulement des événements et leurs conséquences. Elle a été depuis vingt ans pratiquement la seule méthode d'analyse et la plupart des bulletins de la CIGB (voir annexe B) traitant des aspects techniques sont basés sur cette méthode. L'ajout d'une Analyse des modes potentiels de défaillance et de leurs effets (AMDE) à une approche standard permet l'identification d'une chaîne linéaire d'événements qui pourraient conduire à la défaillance. Dans la plupart des cas une AMDE ne traite pas des cas de figures autres que ceux déjà traités par les standards définis.

L'analyse probabiliste prolonge les méthodes standard en estimant la probabilité de dysfonctionnement d'un composant et en combinant cette information avec les conséquences potentielles de l'événement associé à ce dysfonctionnement. Cette évaluation prend en compte les effets des mesures compensatoires à l'intérieur et à l'extérieur de l'usine/du site. L'analyse probabiliste est mise en œuvre pour estimer le risque et particulièrement pour identifier l'importance de toute faiblesse potentielle de conception ou d'exploitation, ou lors de séquences d'accident potentiel contribuant au risque. La méthode probabiliste peut être utilisée pour aider au choix d'événements requérant une analyse déterministe et inversement.

Les processus basés sur la connaissance du risque modifient également la métrique de mesure de la sécurité d'un barrage. Plutôt que de comparer simplement les résultats d'une analyse à un critère défini, ces processus basés sur la connaissance du risque cherchent à évaluer le risque calculé par rapport à la tolérance de la société au risque. La tolérance de la société vis-à-vis du risque inclut implicitement les concepts de la gestion active du risque et de la réduction du risque à un niveau aussi bas que raisonnablement possible (ALARP). Cependant les approches tenant compte du risque, comme celles utilisées en général par les professionnels de la sécurité des barrages, sont linéaires et ne considèrent pas les modes systémiques de défaillance.

L'AFS (le facteur ajustable de sécurité) est un exemple d'approche qui vise à traiter des enjeux de stabilité et de résistance selon une méthode pleinement probabiliste (Kreuzer H. et Léger P., 2013).

5.3.3.2. Performance hydraulique

L'analyse des ouvrages de sécurité annexes consiste à vérifier les capacités hydrauliques des déversoirs et des pertuis ainsi que les conditions d'écoulement. Les méthodes conventionnelles utilisés sont celles de la mécanique des fluides, avec des outils physiques (modèles de laboratoire) ou numériques. Les phénomènes à étudier couvrent une large gamme de complexité (de l'évaluation des capacités hydrauliques d'un seuil libre à un écoulement biphasique avec cavitation); les outils et méthodes doivent être adaptés en conséquence.

In the deterministic method, design basis events are chosen to encompass a range of related possible initiating events that could challenge the safety of the dam. Analysis is used to show that the response of the dam and its safety structures to the design basis hypothesis satisfies predetermined specifications both for the performance of the dam itself and for meeting safety targets. It is a "standard-based" approach. The deterministic method uses accepted engineering analysis to predict the course of events and their consequences. It has been until twenty years ago almost the sole method of analysis and most ICOLD Bulletins (see Annex B) treating technical aspects are based on this method. The addition of a Potential Failure Modes Analysis (PFMA) to a standard based program allows the development of a linear chain of events that could lead to a failure. In many cases a PFMA does not address issues outside those already covered by the defined standards.

Probabilistic analysis extends standard-based methodologies by estimating the probability of a component failure and combining that information with the potential consequences in the event the component fails. This evaluation may take into account the effects of mitigation measures inside and outside the plant. Probabilistic analysis is used to estimate risk and especially to identify the importance of any possible weakness in design or operation or during potential accident sequences that contribute to risk. The probabilistic method can be used to help in the selection of events requiring a deterministic analysis and the other way around.

Risk-informed processes also change the metric by which the safety of a dam is measured. Rather than simply comparing the results of an analysis to a defined criterion, risk-informed processes attempt to evaluate the calculated risk against society's risk tolerance. Embedded within society's risk tolerance are the concepts that the risk is being actively managed and has been driven as low as reasonably practicable. However, risk-informed approaches, as generally practiced in the dam safety community, are linear and do not consider systemic failure modes.

The AFS (Adjustable Safety Factor) is an example of approach which aims to address stability and strength issues in a full probabilistic way (Kreuzer H. and Léger P., 2013).

5.3.3.2. Hydraulic performance

The assessment of safety appurtenant works addresses verification of weirs and sluices discharge capacity as well as the flow conditions. Conventional methods used are those of the fluid mechanics, with tools that can be physical (laboratory models) or numerical. The phenomena to be studied are of widely varying complexity (from a free weir discharge capacity evaluation to two-phase flows with cavitation); the nature of the tools and methods must be adapted accordingly.

5.3.4. Le barrage en tant que système

> **3° principe :** un barrage est un système et l'analyse de sécurité d'un barrage doit donc considérer une approche systémique.

Les pratiques habituelles d'analyse de sécurité sont des approches analytiques : on vérifie que le barrage supporte les différents cas de charge (crues, séismes, ...) indépendamment. En réalité un barrage n'est pas une entité isolée; c'est un système composé de « parties », unités et sous-systèmes, naturels ou manufacturés. Une « partie » peut être définie comme une pièce isolée, comme par exemple un moteur de levage de vannes. Une « unité » est un groupe de parties fonctionnellement reliées entre elles, comme par exemple le mécanisme de levage de vanne incluant le moteur, le boitier de transmission et la chaîne de levage. Un « sous-système » est un ensemble d'unités, comme par exemple l'évacuateur de crues incluant les vannes et leur système complet de contrôle et de levage, le coursier et le bassin de dissipation. Le système du barrage doit inclure tous les sous-systèmes habituellement associés à un barrage mais également les fondations, les appuis, la retenue et ses berges, l'organisation fonctionnelle, ainsi que l'usine de production et tous ses sous-systèmes associés.

Les barrages sont sans aucun doute aussi complexes que d'autres systèmes industriels; c'est pourquoi on doit prêter attention aux interactions possibles entre les parties du système. Par exemple, vérifier l'évacuateur pour la crue de projet est évidemment essentiel, mais cela ne tient pas compte des effets possibles d'un équipement peu fiable, d'une coupure de l'approvisionnement en énergie, d'une erreur de transmission, d'erreurs humaines, ... Cette approche systémique comporte également une composante temporelle : la capacité à rétablir, pendant un événement de crue, la fonction d'un équipement hors service est liée à la cinétique de la crue; la capacité à évacuer une crue annuelle plusieurs semaines après un séisme qui a endommagé les vannes de l'évacuateur, etc.

À plus grande échelle, un barrage peut être un sous-système d'un système plus vaste comme un bassin versant avec des projets menés par une ou plusieurs entités, ou encore comme un réseau électrique régional.

De façon générale une approche systémique permettra de traiter des « combinaisons inhabituelles d'événements habituels », prenant en compte tous les facteurs d'interdépendance. Les ruptures et les accidents de barrage sont rarement dus à une seule cause isolée et facilement identifiable. Les défaillances sont généralement dues à des causes multiples ou à des actions combinées d'une façon imprévisible qui créent les conditions d'un relâchement d'eau incontrôlé.

Pour gérer efficacement la sécurité d'un barrage on doit reconnaitre que :

- Les barrages sont des systèmes et non pas une juxtaposition de composants individuels; et

- Les composants individuels et les sous-systèmes en interaction influent considérablement sur le risque représenté par un barrage donné.

L'approche analytique conduit à la pratique de disciplines juxtaposées tandis que l'approche systémique nécessite une culture pluridisciplinaire. Les approches analytiques et systémiques sont complémentaires et n'ont pas à être opposées. La méthode d'analyse des risques est d'un grand secours pour comprendre et développer l'approche systémique.

5.3.4. Dam as a system

> **Principle 3:** A dam is a system, and dam safety assessment should therefore consider a systemic approach.

The usual practice of safety assessment is an analytic approach: one to check that the dam withstands the different maximum load cases (floods, earthquakes, etc.) independently. In fact, a dam is not a single entity onto itself; it is a system of both natural and manmade parts, units and subsystems. A "part" can be thought to be a single piece such as a gate hoist motor. A "unit" is a functionally related group of parts such as the gate hoist mechanism including the motor, gear box, and hoist chain. A "subsystem" is a collection of units such as the spillway including the gates and its complete hoist and control system, the spillway chute and the stilling basin. The dam system would include all the subsystems that we normally associate with a dam but would also include the foundation, abutments, reservoir, and reservoir shore, the operating organization and may also include a powerhouse and all its associated subsystems.

Dams are certainly as complex as other industrial systems; therefore, one must take care of possible interactions between the parts of the system. As an example, checking the spillway for the design flood is obviously essential, but does not consider the possible effects of unreliable equipment, energy supply failure, transmission error, human mistakes, etc. This systemic approach has also a time component: ability to restore, during a flood event, the function of out of order equipment is linked to the flood kinetics; ability to discharge a yearly flood several weeks after an earthquake that has affected spillway gates, etc.

On a larger scale, a dam might be a subsystem within a larger system that could be a watershed with projects owned by one or more entities or an entire regional electrical grid.

Generally speaking, a systemic approach will make it possible to address "unusual combination of usual events" taking into account all the interdependent factors. Dam failures and incidents are seldom due to a single, easily identifiable cause. Failures are generally the result of multiple causes or actions that combine in unforeseen manner to create the necessary conditions for an uncontrolled release of water.

To effectively manage dam safety risk, we must recognize that:

- dams are systems and not a collection of individual components; and

- how individual components and sub-systems interacting greatly affect the risk posed by a given dam.

Analytic approach leads to juxta-positioned discipline education while systemic approach needs multidisciplinary education. Analytical and systemic approaches are complementary and should not be opposite. Risk analysis methodology helps a lot to understand and develop systemic approach.

5.3.5. Analyse de risques

4° principe : Les risques potentiels sur la sécurité découlant de caractéristiques complexes et/ou de l'incertitude dans le dimensionnement doivent être analysés à travers un emploi proportionné et approprié des techniques d'analyses de défaillance.

L'identification des sollicitations et des exigences de performance puis l'analyse de la capacité de l'ouvrage à les satisfaire sont systématiquement examinées pendant la conception et fournissent les fondements solides pour une évaluation de la sécurité.

La complexité du projet et la nécessité de comprendre le comportement du barrage à des sollicitations qui sont au-delà des hypothèses de dimensionnement montrent qu'une analyse basée sur ces hypothèses de de base n'est pas suffisante.

Les méthodes d'analyse de risques sont des outils qui permettent de prendre en compte cette complexité et les interactions entre les parties du système. L'analyse de risques est un processus structuré dont le but est d'évaluer à la fois la probabilité de défaillance du barrage ou de composants du barrage, et l'étendue des conséquences de ces défaillances. L'analyse de risques doit permettre d'évaluer la performance du barrage selon une gamme complète d'états physiques, de charges appliquées et de réponse organisationnelle aux événements. Par état physique on entend l'état du barrage proprement dit et celui des organes de sécurité (vannes, approvisionnement en énergie, transmission de données, ...); cela comprend de possibles dysfonctionnements partiels ou totaux de ces structures et équipements. Les sollicitations ne se réduisent pas aux sollicitations extrêmes retenues dans une approche standard mais doivent prendre en compte des combinaisons possibles de sollicitations. Enfin, l'organisation des entités impliquées dans la conception, la construction et le fonctionnement de l'usine est un paramètre important de la sécurité du barrage et doit être inclue dans l'analyse de risque.

Le Bulletin 130 de la CIGB fournit des informations sur les méthodes et outils d'analyse de risques : les techniques d'analyse de défaillance, telles que l'Analyse des Modes potentiels de Défaillance et de leurs Effets (AMDE), l'analyse par arbre des défaillances et l'analyse par arbre des événements peuvent être utilisées pour passer en revue les aspects complexes de la conception du barrage ainsi que son comportement après une défaillance.

5.3.6. Évaluation de la sécurité pour l'exploitation

5° principe : Les changements potentiels de l'efficacité d'un sous-système de barrage au cours du temps, l'évolution des charges externes et la fiabilité des équipements mécaniques, électriques et électroniques sont traités au cours du processus d'évaluation de la sécurité.

Pendant toute leur durée de vie les ouvrages doivent pouvoir atteindre les niveaux de performance fixés lors du dimensionnement. Il faut avoir conscience que l'usure des équipements en exploitation et les mécanismes de dégradation naturelle contribuent à la réduction des fonctionnalités et de la résistance au fil du temps. C'est pourquoi il est important de bien analyser comment le projet respecte les hypothèses de dimensionnement et les exigences de performance établies lors de la conception. De même on identifiera soigneusement toutes les limites et hypothèses faites durant la phase de conception pour que les actions adéquates nécessaires au maintien des fonctions du barrage au cours du temps soient identifiées et réalisées.

5.3.5. Risk Analysis

Principle 4: The potential safety risks arising from areas of complexity in the design and/or uncertainty in the design basis should be examined through a proportionate and appropriate use of fault analysis techniques.

Analysis of the design basis, whereby load cases and performance demands are identified and the design ability to meet them is systematically examined, provides a sound foundation for safety assessment.

Design complexity, together with a need (stemming from emergency planning requirements) to understand the design performance a domain beyond the design basis, indicates that the analysis of the design basis on its own is not sufficient.

Risk analysis methodologies are tools which make it possible to cope with this complexity and interactions between parts of the system. Risk analysis is a structured process aimed at estimating both the probability of failure of the dam or dam components and the extents of the consequence of these failures. The risk analysis shall enable to evaluate the performance of the dam under the full range of physical conditions, applied loads and organization response to events. By physical conditions one may understand the condition of the dam itself and its safety equipment (gates, power supply, data transmission...); that includes possible partial or total dysfunctions of these structures and equipment. Applied loads are not only the extreme loads used in the standard based approach but must take into account possible combinations of loads. And finally, organizational response of entities involved in design, construction and operation of the plant are an important parameter of the dam safety and should be included in the risk analysis.

ICOLD Bulletin 130 provides information about risk analysis methodologies and tools: fault analysis techniques, such as Failure Modes and Effects Analysis (FMEA), Fault-Tree Analysis and Event-Tree Analysis can all be used to explore areas of design complexity and post-fault design performance as the design matures.

5.3.6. Safety assessment for serviceability (Delivery of Design Capability and Performance Capacity)

Principle 5: Potential changes with time of dam subsystem efficiency, evolution of external loadings, and reliability of mechanical, electric and electronic equipment are addressed during the safety assessment process.

Designs must be able to meet the performance levels assumed in the design basis throughout their lives. Operational wear and tear and natural degradation mechanisms all conspire to reduce capability and capacity over time. It is therefore important to fully identify how the design meets each design basis event and performance demand and any limitations and assumptions made during the design development, so that the appropriate actions necessary to maintain the design capability through-life are identified and acted upon.

En effet, au-delà de l'évaluation de la résistance structurelle, le bon fonctionnement du barrage et de ses équipements implique que les concepteurs portent attention aux points suivants :

- Avec le temps, l'efficacité d'un drainage ou d'un voile d'injection peut évoluer; les caractéristiques hydrauliques de la fondation ou des remblais peuvent se modifier; ces changements sont bien sûr détectés par les moyens de surveillance et les travaux de maintenance peuvent pallier ces changements jusqu'à un certain point. L'évaluation de la sécurité doit alors considérer ces problématiques en tenant compte du fait que les réparations ou les opérations de maintenance ne sont pas immédiates et que le barrage doit rester intègre jusqu'à ce que ces réparations ou travaux de maintenance soient exécutés. Des mesures intermédiaires de maintien de la sécurité jusqu'à réparation finale doivent également être inclues dans l'analyse de sécurité.

- Les changements potentiels des exigences de performance (hydrologiques, sismiques) sont probables au cours de la durée de vie du barrage. La débitance de l'évacuateur de crues ou la résistance structurelle du barrage pourraient alors devenir insuffisantes. Le projet peut, soit prévoir des caractéristiques permettant la modification du barrage dans le futur pour prendre en compte ces changements potentiels, soit intégrer au stade de la conception un surdimensionnement pour ces changements potentiels.

- La fiabilité des équipements hydromécaniques et de systèmes de contrôle-commande, incluant les facteurs humains et organisationnels, peut également changer au cours du temps.

Les enjeux de bon fonctionnement peuvent à leur tour interférer avec l'analyse de résistance et les processus entre ces deux aspects de la sécurité des barrages sont alors à traiter selon une approche itérative.

5.3.7. Prise en compte des aspects humains en exploitation au stade de la conception

6° **principe** : Une approche systémique doit être mise en œuvre pour identifier, examiner et optimiser au stade de la conception les aspects humains en phase exploitation, de sorte que l'influence humaine sur les risques soit minimisée.

L'ensemble des interactions des personnes (à la fois les exploitants et le public) avec l'ouvrage au cours du cycle de vie doit être considéré comme partie intégrante de l'analyse de sécurité. Il y a de nombreuses interactions possibles. Elles peuvent être analysées à travers une multitude de techniques d'analyse du facteur humain à mettre en œuvre par des spécialistes. Le niveau d'analyse doit être proportionné à la classe de sécurité de l'ouvrage.

Au stade de conception il est suffisant de tenir compte au préalable d'aspects tels que :

- Quelles sont les interactions requises pour le bon fonctionnement de l'ouvrage (par ex. actions du personnel d'exploitation et de maintenance)? Dans quelle mesure de telles actions préprogrammées peuvent mal se dérouler et comment ces aléas peuvent-ils être réduits?

Indeed, beyond structural resistance assessment, serviceability of the dam and its equipment implies that Designers pay attention to following issues:

- With time efficiency of a drainage and/or a grout curtain can change; hydraulic characteristics of the foundation and/or of an embankment can become modified; obviously these changes are detected by surveillance and maintenance works can then mitigate these changes to a certain extent. Safety assessment should therefore consider these issues taking into account the fact that repairs or maintenance works are not immediate and that the dam must be safe until these repairs or maintenance works are done. Interim measures to maintain safety until the permanent fix is realized should be also included in the safety evaluation.

- Potential changes in performance demand (hydrological, seismic) are likely to occur during the lifetime of the dam. As a result, the spillway discharge capacity, or the structural resistance of the dam may become insufficient. The project can then either incorporate features making it possible to modify the dam in the future to cope with these potential changes or incorporate at the design stage a provision for these potential changes.

- The reliability of hydro-mechanical equipment and control systems, including human and organizational factors, can also change over time.

Serviceability issues can in turn interfere with resistance assessment and the process between these two aspects of dam safety are therefore to be addressed in an iterative way.

5.3.7. Considering human aspects during operation at the design stage

Principle 6: A systematic approach should be taken to identifying, examining and optimizing at the design stage the expected range of human aspects during operation such that the human influence on risks is minimized.

The range of interactions of people (both operators and the public) with the design over the dam life cycle should be considered as part of the safety assessment. A wide range of interactions will always be possible. They can be assessed thru a variety of human factor assessment techniques to be used by specialists. The level of assessment should be proportionate to the safety classification of the design.

At the concept stage of the design, it is sufficient to give preliminary consideration to aspects such as:

- Which are the interactions required for the design to work (e.g. operator and maintenance personnel actions)? What is the potential for such pre-planned actions to go wrong and how could these hazards be reduced?

- Quels sont les risques potentiels d'action inadaptée pendant les manœuvres des équipements? Ces risques doivent être traités en tenant compte de plusieurs critères:

  - Complexité à exécuter les manœuvres;

  - Intervention d'un seul exploitant ou de plusieurs exploitants;

  - Possibilité pour l'exploitant (des exploitants) d'avoir une vision directe sur les conséquences de ses (de leurs) manœuvres.

- Quelles actions sont attendues de la part des exploitants face à la gamme d'événements externes (par ex. séismes, crues) et d'événements internes (par ex. défaillances structurelles d'un système ou d'un composant)? Dans ces circonstances peut-on réduire la dépendance vis-à-vis des exploitants? Si tel n'est pas le cas, que peut-on faire pour protéger les exploitants pendant leur service?

- Le public est-il susceptible d'interagir avec l'ouvrage? Quelles en seraient les conséquences pour la sécurité et la sécurité?

Les facteurs humains comprennent également l'ergonomie qui consiste à concevoir des produits, systèmes et processus tenant compte des interactions avec les opérateurs qui les utilisent. En substance, le but est de concevoir des équipements et des appareils qui s'adaptent à la morphologie du corps humain et à ses capacités cognitives. Par exemple l'étiquetage correct des appareils, capteurs etc. ou la prise en compte de la quantité d'information qu'un opérateur peut analyser pour garantir la bonne prise de décision, comme c'est souvent le cas dans les locaux de contrôle où de nombreux écrans fournissent beaucoup de données et de signaux d'alerte.

- What are the potential risks for incorrect human actions during equipment manoeuvres? These risks should be assessed taking into account several criteria:

  - complexity of the manoeuvres to be performed;

  - intervention of an operator alone or of several operators;

  - ability for the operator(s) to have a direct view on the result of his manoeuvres.

- Which responses are required from the operators to the expected range of external events (e.g. earthquakes, floods) and internal events (e.g. structural, system and component failures)? Can the dependence on operators be reduced in such circumstances? If not, what can be done to protect operators from possible harm as they are performing their duties?

- How might members of the public interact with the design? What might be the implications for safety and security?

Human factors include also ergonomics which is the practice of designing products, systems, or processes to take proper account of the interaction between them and the people which are using them. In essence, the scope is to design equipment and devices that fit the human body and its cognitive abilities. Some examples are the proper labelling of devices, sensors, etc. or taking into account the amount of information an operator can analyse to ensure appropriate decision making, as it is often the case in control rooms where numerous screens provide a lot of data and warning signals.

6. CONCLUSION

- La gestion de la sécurité des barrages va de pair avec le développement d'un projet depuis les premières études jusqu'à la mise en service de l'ouvrage. Elle implique un grand nombre d'acteurs allant du propriétaire ou investisseur au concepteur, à l'entrepreneur et au fournisseur, etc., généralement avec une influence notable des aspects réglementaires (licence d'État et / ou agence de régulation).

- Comme tout barrage ou projet de barrage peut être considéré comme un prototype, il peut difficilement être traité comme un produit industriel. La conception des barrages ne peut pas être réalisée uniquement en suivant des normes; elle nécessite une grande expérience et doit plutôt être basée sur l'état de l'art, l'état de la pratique et, pour certaines caractéristiques, sur de nouvelles pratiques.

- La sécurité des barrages concerne essentiellement leurs caractéristiques structurelles et opérationnelles. Les incertitudes existantes au début des études doivent être progressivement diminuées en effectuant des reconnaissances et des études spécifiques. Cela comprend les sollicitations externes telles que les crues ou les tremblements de terre ainsi que les conditions géologiques et les propriétés des matériaux.

- La sécurité des barrages concerne non seulement les ouvrages proprement dit, mais aussi leurs environnements, et plus particulièrement la zone en aval. Des restrictions d'utilisation des terres pourraient devoir y être appliquées en cas de risque résiduel important.

- Les aspects organisationnels ou plus généralement non techniques peuvent également être importants. Des principes de gestion simples tels que la continuité, la traçabilité, la vérification indépendante doivent permettre d'éviter ces écueils dans la conception d'un barrage, ainsi que dans l'ensemble du développement du projet.

- La phase de construction est l'étape qui permet de se rendre compte des conditions réelles du site et certaines caractéristiques de conception peuvent être modifiées sous la pression des délais et des coûts. De plus, la sécurité des structures dépendra en fin de compte de la qualité du travail effectué. Il est donc essentiel d'avoir à ce stade des dispositions efficaces de communication et de prise de décision entre les différents acteurs (Propriétaire, superviseur sur site, Concepteur et Entrepreneur). L'utilisation de la « méthode observationnelle » (Peck) revêt une importance particulière dans le contrôle des effets des modifications dans la conception.

- En termes plus généraux, on peut établir un système global de gestion de la sécurité des barrages prévalant pour toutes les parties concernées. Il doit suivre la forme générale décrite dans le Bulletin CIGB 154. Une étape importante consiste à développer des objectifs de sécurité en fonction de la ou des finalités du projet de barrage et de définir les exigences fonctionnelles (fondamentales) correspondantes. Pendant tout le processus, la responsabilité du propriétaire est entière car il doit s'assurer que toutes les parties prenantes s'engagent à mettre en œuvre un tel système dans leur propre domaine d'activités et leur interaction avec les autres parties.

6. CONCLUSION

- Dam safety management goes along with the development of a project from the first studies to commissioning of the scheme. It involves a large number of actors ranging from the Owner or Investor to the Designer, the Contractor and the Supplier, etc. usually with a pronounced influence of the regulatory side (state licensing and/or regulatory agency).

- As any dam or dam scheme can be considered as a prototype it can hardly be handled as an industrial product. Dam design cannot be performed according to standards only but it requires a large amount of experience and shall rather follow the state of the art, the state of the practice, and for some features new practices.

- Dam safety concerns essentially structural and operational features. The uncertainty prevailing in design aspects at the onset of the studies shall be progressively reduced by performing investigation work and related studies. This encompasses external loads such as floods or earthquakes as well as geological conditions and material properties.

- Dam safety concerns not only the dam scheme, but also the surroundings, and more specifically the downstream area. Land use restrictions might have to be enforced there in case of significant residual flooding risk.

- Organizational or more generally non-technical aspects leading to a flaw in safety issues can be as important as well. Simple principles of management such as continuity, traceability, independent checking shall allow to avoid pitfalls in the design of a dam, as well as in the whole development of the project.

- The construction phase gives the ultimate possibility of assessing the real site conditions and some design features might have to be modified then under time and cost pressure. Also safety of the structures will ultimately depend upon the quality of the work performed. It is therefore essential to have at this stage efficient communication and decision making provisions between the different actors (Owner, Site Supervisor, Designer and Contractor). The use of the "observational method" is of particular importance in the control of the effects of changes on the design.

- In more general terms one can draw an overarching dam safety management system prevailing for all parties involved. It shall follow the general form described in ICOLD Bulletin 154. An important step consists in developing safety objectives according to the purpose or purposes of the dam scheme and defining the corresponding (key) capability requirements. During the entire process responsibility of the Owner prevails as he has to make sure that all parties involved commit themselves to implement such a system within their own domain of activities and their interaction with other parties.

- La conception doit être réalisée selon un ensemble de principes d'ingénierie dont certains peuvent être facilement dérivés d'un autre domaine technique (par exemple l'industrie nucléaire). Ils s'appuient sur le principe fondamental de la « défense en profondeur » et requièrent l'usage de pratiques d'ingénierie éprouvées ainsi que l'utilisation de matériaux de qualité et des méthodes éprouvées. L'évaluation de la sécurité englobe à la fois les aspects structurels et hydrauliques. Mais cela concerne également les exigences de maintenance. L'importance de l'ouvrage dans son environnement et les effets possibles de son dysfonctionnement doivent être dûment pris en compte lors de l'évaluation du niveau de sécurité à prendre en compte.

- Dans le contexte moderne et reconnaissant les leçons apprises au cours des dernières décennies, la philosophie de conception devrait prendre en compte les multiples influences des effets du vieillissement, les changements futurs raisonnablement prévisibles dans les attentes de performance et les attentes de la société, et les effets des progrès de la science grâce à l'adoption d'une approche adaptative de gestion des actifs.

La sécurité découle d'un projet bien conçu et bien exécuté

- Design shall be performed according to a set of engineering principles some of which can be easily derived from another technical domain (e.g. nuclear industry). They are focusing on the fundamental principle of "defence in depth" and call for the use of proven engineering practices as well as of safe materials and methods. Safety assessment involves both structural and hydraulic aspects. But it concerns also serviceability requirements. The importance of the structure within the scheme and the possible effects of its malfunctioning shall be duly considered when assessing the level of safety to be applied.

- In the modern context and recognizing lessons learned in recent decades, the design philosophy should make provision for the multiple influences of ageing effects, reasonably foreseeable future changes in performance expectations and societal expectations, and the effects of advances in science through adoption of an adaptive asset management philosophy.

Safety will follow from a well planned and executed project

REFERENCES

Australian National Committee on Large Dams. Guidelines on Risk Assessment, 1994.

BALLARD G.M., LEWIN J.: Reliability principles for spillway gates and bottom outlets, Long term benefits and performance of dams, Thomas Telford, London, 2004.

BAECHER, GREGORY B., AND CHRISTIAN, JOHN T., *Reliability and Statistics in Geotechnical Engineering*. Wiley, 2003.

BC HYDRO : Guidelines for Consequence-based dam safety evaluations and improvements for floods and earthquakes. 1993.

BC HYDRO : Safety Principles for Engineered Systems.

CIGB ICOLD (2002) : Seismic design and evaluation of structures appurtenant to dams, Bulletin 123

CIGB ICOLD (2005) : Risk Assessment in Dam Safety Practice, Bulletin 130

CIGB ICOLD (2017) : Dam Safety Management in the Operational Phase of the Dam Life-Cycle. Bulletin 154

CIGB ICOLD (2017) : Regulation of Dam Safety: An overview of current practice worldwide, Bulletin 167

FEMA (2004) : *Federal Guidelines on Dam Safety*. Federal Emergency Management Agency.

HARTFORD, D. (2016) : Citation test

HARTFORD, D.N.D AND BAECHER, G.B. *Risk and Uncertainty in Dam Safety*. Thomas Telford, 2004.

HARTFORD, DESMOND N.D., BAECHER, GREGORY B., ZIELINSKI, P. ANDY, PATEV, ROBERT C., ASCILLA, ROMANAS AND RYTTERS, KARL., *Operational Safety of Dams and Reservoirs*. Thomas Telford, 2016.

Independent Forensic Team Report on *Oroville Dam Spillway Incident*, 2018

INSAG 12: Basic Safety Principles for Nuclear Power Plants 75-INSAG-3 Rev. 1

ISSMGE. Report of the Joint TC205/TC304 Working Group on Discussion of statistical/reliability methods for Eurocodes – First Draft (26 April 2017)

JENSEN, C.: *Risk Analysis and Management for Projects (RAMP)*, Institution of Civil Engineers (ICE), Institute and Faculty of Actuaries

KREUZER H.: *Assessing uncertainty in dam engineering*, Keynote Lecture, ICOLD 73rd Annual Meeting, Tehran (2005)

KREUZER H., LÉGER P.: *The Adjustable Factor of Safety*, Hydropower & Dams, Issue 1, 2013

PECK H.: Advantages and Limitations of the Observational Method in Applied Soil Mechanics, Geotechnique 19, N°2, pp. 171–187

PECK R. : Influence of Nontechnical Factors on the Quality of Embankment Dams, Embankment Dam Engineering / Casagrande Volume, J. Wiley & Sons, New York, 1973

REGAN P.: *Dams as Systems*, Proceedings pp. 629–639, Symposium, ICOLD Annual Meeting, Seattle, 2013

SCHLEISS. A., POUGATSCH H.: *Les barrages, du projet à la mise en service*, Presses Polytechniques et Universitaires Romandes, Lausanne, 2011.

Plans conformes à l'exécution	Un jeu de plans d'exécution mentionnant toutes les modifications faites au cours du chantier de construction. Les plans conformes à l'exécution sont particulièrement utiles quand des travaux de réhabilitation ou des ajouts doivent être entrepris.
Panel d'experts	Un groupe d'ingénieurs de grande expérience et de spécialistes chargés de suivre le développement du projet et de présenter des recommandations aux propriétaire.
Exigences opérationnelles	Les fonctions nécessaires pour qu'un barrage satisfasse aux exigences opérationnelles et de sécurité.
Acquisition des compétences	Formation professionnelle des nouveaux exploitants de barrage
Développement des compétences	Amélioration des compétences professionnelles des exploitants de barrage
Entrepreneur	Entreprise chargée de la construction d'un aménagement de barrage. Les relations contractuelles entre l'entrepreneur et le propriétaire peuvent être de différentes natures (prix unitaires, forfait global, contrat clé en main, etc.). Au cas où l'entrepreneur est « chef de file », il assure toutes les activités de construction et de fournitures.
Incident sur un barrage	Un incident de barrage fait référence à deux types d'événements : - Les ruptures catastrophiques caractérisés le plus souvent par une libération soudaine et incontrôlée de l'eau de la retenue; - Les accidents qui sont des événements moins graves, par exemple ceux qui affectent la fonction principale de stockage de l'eau.
Projet de barrage	L'ensemble des activités de financement, d'obtention des autorisations, d'ingénierie, de construction et de mise en service qui conduisent à la réalisation d'un barrage
Aménagement (barrage)	Le barrage, son réservoir et tous les ouvrages (ouvrages annexes, galerie en charge, usine, etc.) qui contribuent à la finalité de l'aménagement (production énergétique, fourniture d'eau, irrigation, protection contre les crues, etc.)
Concepteur	La personne ou l'entité responsable de concevoir l'aménagement puis de réaliser toutes les études d'ingénierie (analyses structurelle, hydraulique, plans, etc.) nécessaire à la réalisation de l'aménagement
Développeur, Investisseur	La personne ou l'entité qui finance le développement d'un projet de barrage. C'est souvent la même personne ou entité que le propriétaire.
Plan d'actions d'urgence	**Le plan d'actions d'urgence** (parfois appelé aussi plan d'organisation interne) est un ensemble de dispositions élaborées par le propriétaire dans l'objectif de définir les actions à mettre en œuvre par le propriétaire en réponse à un incident et pour prévenir une rupture.
Plan d'urgence	**Le plan d'urgence** est un document global qui traite des dispositions prises par les services de protection civile en aval du barrage pour atténuer les conséquences d'une rupture du barrage; ce plan définit les responsabilités respectives du propriétaire et celles des autorités de protection civile et les dispositions adoptées aux interfaces entre leurs actions.

As Built Drawings	A set of construction drawings with the indication of any modification made during the construction. As built drawings are especially useful when rehabilitation works or adjunctions have to be made.
Board of Consultants	A panel of highly experienced engineers and specialists in charge of following the development of the project and presenting recommendations to the Owner
Capability requirement	The function a dam scheme should have to guarantee its overall functional performance and safety.
Capacity building	The professional education of new dam operators
Capacity development	The improvement of the professional skills of dam operators
Contractor	An entity in charge of the construction of the dam scheme. Can be bound to the Owner by different forms of contract (unit prices, lump sum, costs plus, EPC, etc.). In case of a General Contractor all construction and supply activities will be concentrated under one entity.
Dam incident	Dam incident refers both to - *Failures* which are catastrophic, i.e. types of incidents typically characterized by the sudden and uncontrolled release of impounded water. - *Accidents* which are lesser catastrophic, e.g. types of incidents which adversely affect the primary function of impounding water.
Dam project	The sum of all activities in the financing, licensing, engineering, construction works, etc. leading to the realization of a dam scheme
Dam scheme	A dam, its reservoir and all facilities (appurtenant structures, headrace, powerhouse, etc.) contributing to the intended purpose(s) of the dam (energy production, water supply, irrigation, flood protection, etc.)
Designer	The person or entity in charge of developing the concept of the scheme and, later on, performing all engineering works (hydraulic and structural analyses, drawings, etc.) required for the realization of the scheme
Developer / Investor	The person or entity funding the development of a dam project. Often identical with the Owner
EAP	**Emergency Action Plan**, sometimes referred to as an Emergency Response Plan, is a set of arrangements developed by the Owner with the purpose of defining the intervention actions that the Owner will implement to respond to incidents and to prevent failures
EPP	**Emergency Preparedness Plan** is an overarching document dealing with the arrangements made by the downstream civil protection authorities to mitigate the consequences of a dam failure and defining the arrangements at the interface between the Owner's responsibilities and those of the civil protection authorities. The EPP may be initiated by the authorities, either on the advice of the Owner or based on their own assessment of the situation.

Analyse des modes potentiels de rupture et de leurs effets (AMDE) et de leur criticité (AMDEC)	Une technique d'analyse de système conduite par étapes pour définir tous les modes de rupture possibles au niveau de la conception ou du process de fabrication ou d'assemblage d'un produit ou d'un service. Une AMDE peut être complétée par la prise en compte de la criticité de la fonction d'un composant sur la fonctionnalité du système et débouche sur une AMDEC qui tient alors compte de l'importance de ces effets.
Aléa	Un danger potentiel pour l'exploitation d'un barrage qui doit être pris en compte dans les cas de charge au niveau de la conception. Les crues et les séismes sont les aléas naturels principaux.
Exigences Fonctionnelles fondamentales	Une fonction majeure (ou pivot) à assurer par l'aménagement pour garantir sa sécurité et procurer les bénéfices attendus de cet aménagement pour la société.
Autorité délivrant les autorisations d'exploitation	Organisme public chargé de délivrer un permis de construction et / ou d'exploitation pour un nouveau projet de barrage. Fournit également le renouvellement des permis d'exploitation limités dans le temps.
Manuels d'exploitation, de maintenance et de surveillance	Un manuel contenant toutes les informations nécessaires pour l'exploitation, la maintenance et la surveillance d'un projet de barrage. Est généralement divisé en volumes distincts, en particulier en cas d'aménagement comprenant une centrale électrique.
Exploitant local	La personne ou le groupe de personnes en charge de l'exploitation du barrage. L'expérience des opérateurs sur site peut être très utile lors de la conception d'un nouveau projet de barrage ou de la planification de travaux de réhabilitation d'un aménagement existant
Propriétaire	Propriétaire d'un aménagement de barrage depuis l'initiation du projet jusqu'à son exploitation. Le propriétaire peut également être l'opérateur ou il peut déléguer cette fonction à un tiers. La responsabilité principale de la sécurité d'un projet de barrage incombe au propriétaire.
Service chargé de la réglementation et du contrôle	Un organisme public chargé d'établir et de faire respecter les normes de conception et d'exploitation des barrages
Risque résiduel	Le risque subsistant après avoir pris toutes les mesures possibles pour atténuer la survenue du ou des danger (s) associé (s)
Risque	Le produit de la probabilité d'occurrence d'un danger multiplié par le coût des conséquences
Objectifs de sécurité	Nature (structurelle, opérationnelle, actions à prendre vis-à-vis les risques naturels) et quantification des objectifs de sécurité à atteindre pour un aménagement de barrage.
Responsable de la supervision sur site	Une personne ou un groupe de personnes en charge de la surveillance des activités de construction. La supervision du site est généralement effectuée par le personnel du propriétaire ou par une structure mixte propriétaire-concepteur ou peut être déléguée par le propriétaire à un tiers.
Sous-traitant	Une entité effectuant un type de travail limité ou spécialisé pour un entrepreneur. L'entrepreneur demeure responsable vis-à-vis du propriétaire. Il peut cependant engager des recours contre son sous-traitant en cas d'erreur de construction de ce dernier.

(Potential) Failure Modes and Effects Analysis (FMEA) and Criticality Analysis (FMECA)	A systems analysis and design technique involving a step-by-step approach for identifying all possible failures in a design, a manufacturing or assembly process, or a product or service. FMEA can be extended to include consideration of the criticality of component functionality to system functionality in terms of the FMECA that takes account of the importance of these effects
Hazard	A potential danger in the operation of dams that has to be considered in the design load cases. Main natural hazards encompass floods and earthquakes
Key capability requirement	A main or pivotal function a dam scheme should have to guarantee its safety and deliver the essential features required to ensure that the scheme is of societal benefit.
Licensing Agency	A state agency in charge of granting a construction and/or an operation permit for a new dam scheme. Provides also renewal of time limited operation permits.
OMS manual	A manual containing all necessary information for the operation, maintenance and surveillance of a dam scheme. Is usually split into distinct volumes, especially in case of scheme with a powerhouse.
On Site Operator	The person or group of persons in charge of operating the dam scheme. The experience of on site operators can be very valuable when designing a new dam scheme or planning rehabilitation works at an existing scheme
Owner	The proprietor of a dam scheme from the initiation of the project to the operation of the scheme. The Owner can be also the Operator or he can delegate this function to a third party. The main liability for the safety of a dam scheme rests with the Owner.
Regulatory Agency	A state agency in charge of establishing and enforcing design and operational standards for dams
Residual risk	The risk remaining after having taken all possible measures to mitigate the occurrence of the related hazard(s)
Risk	The product of the probability of occurrence of an hazard multiplied by the cost of the consequences
Safety objectives	Type (structural, operational, reactive against natural hazards) and level of single safety targets to be achieved for a dam scheme.
Site Supervisor	A person or a group of persons in charge of monitoring the construction activities. Site supervision is usually performed by personnel of the Owner or a mixed structure Owner-Designer or can be delegated by the Owner to a third party.
Subcontractor	An entity performing a limited or specialized type of work for a Contractor. Towards the Owner the responsibility rests with the Contractor, but he can have recourse on the Subcontractor in case of constructional error

Fournisseur	Fournisseur d'équipements dans le domaine des systèmes hydromécaniques, électriques ou de contrôle commande. Il peut avoir un contrat direct avec le propriétaire ou faire partie d'un groupement d'entreprises sous la direction de l'entrepreneur et comprenant d'autres services, tels que les activités de conception.
Surveillance du barrage	Toutes les activités de supervision visant à assurer la sécurité structurelle et opérationnelle d'un barrage. Cela comprend l'auscultation (mesure des capteurs et analyse des données), les inspections visuelles et les tests réguliers des composants hydromécaniques liés à la sécurité (vannes d'évacuateurs, vidanges de fond, etc.). Une interprétation correcte des données collectées est un élément important de la surveillance des barrages.

Supplier	Provider of good supplies in the hydro-mechanical, electrical or control system field. Can have a direct contract with the Owner or be part of larger joint venture under the lead of the Contractor and including other services, such as the design activities.
Surveillance of dam	All supervision activities aiming at insuring the structural and operational safety of a dam. It consists essentially of monitoring of the dam instrumentation, visual observation and regular tests of safety related hydro mechanical components (spillway gates, bottom outlet,...). Proper interpretation of the collected data is an important part of dam surveillance.

Synthesis of Committee Members replies to the Questionnaire issued before drafting the Bulletin

- **Arrangements and practice in your country**

1. How are the respective liabilities of dam Owner, designer and contractor defined in your country?

   - In all countries the safety of the dam is under the responsibility of the Owner which is liable towards the public for all accidents and damages that could occur due to the existence and the operation of the dam.
   - In most cases the responsibility is assigned to the Owner by a general national or federal law on the liability for any industrial undertaking. It is often specified in an Act on Water Storage or Water Use as well as in specific decrees. Also contracts binding contractors, suppliers and consultants include usually clauses that detail the respective liabilities.
   - At the development stage of a project the Owner has to submit the design to the Authority. Approval by the Authority does not mean that it relieves the Owner from his responsibility. This applies also to major repairs or rehabilitation works of dams.
   - The designer has to follow standards, guidelines and professional ethics rules. In case of a design mistake, that has not been previously detected, the designer can be held responsible but within a financial limit set up at the total amount of his fees. Services of the designer are usually covered by a professional liability insurance.
   - Contractors are responsible for the quality of their works. In case of defaults they have to come up with replacing of the defective part of the works at their own costs. They are usually not liable for societal damages resulting from construction errors or, in extreme cases, from a dam failure (see NL).

2. For the phases preceding operation do you have in your country a "dam safety philosophy" or (at a more technical level) principles or standards for dam safety that apply in the design process?

Please indicate here general principles applying, as well as more precise requirements, if any (such as necessity of having a bottom outlet or a well-developed monitoring network, analysis of rates of progression of failure mechanisms, incident response and emergency plans, etc.)

   a) Does "systems engineering" have a role in assuring safe performance within the design process (up to and including the physical limits of the design)? Or is safety incorporated through appropriate factors of safety at the limits of the design on a dam element by dam element basis?

   b) Failure of a dam is rarely due to a single cause. Are combinations of load cases that are individually less severe but more frequent than the limits of design taken into consideration?

- Almost all countries have a "dam safety philosophy", even if the term is not clearly expressed in their legislation. It is based usually on following aspects:
  - design according to standards and guidelines (with extreme loads specified by regulations)
  - safe operating rules, surveillance and monitoring rules
  - emergency response and emergency preparedness plans, incl. use of facility for lowering the reservoir level
- Some countries already rely on risk approach methodology (AU, CA, FR, NL, SE, US) to complement dam safety (see Question # 6)
  - a) The safety approach at the design stage remains mostly on a dam element by dam element basis with appropriate factors of safety for limit load cases
  - b) Combinations of load cases that are individually less severe but more frequent than the limits of design are recognized as being relevant but are seldom considered (US). Techniques such Event Tree Analyses (ETA) for instance could be useful in the future to track down such combinations.

3. Does the safety philosophy in your country mainly, partly or not at all rely on designer skills and state of the art? How important are for you non-standardized design aspects?

a) Is there a process of "dam safety analysis" that the designer can use to demonstrate that the dam can be operated and maintained in a safe state over the whole life-cycle of the dam?

- In almost all replies it is clearly mentioned that designer skills are of utmost importance, especially for not quantifiable aspects of design (quality of a dam layout, interpretation of investigation results). However, it is necessary to rely on standardized and quantified project framework aspects, such as type of operating conditions, loading cases, material strength, safety criteria (FR).
- In many countries one relies essentially on the quality and experience of designers and specialists in charge of reviewing and/or approving dam design (FI, NO, SI, ES, LK, CL, TR).
- Non-standardized design aspects are often difficult to be accepted by the Authority in charge of formally approving the project. In some countries it is practically impossible to propose original non-standard solutions (IT) or consultants prefer to strictly follow official guidelines and have an easier outcome (NO).

b) A true "dam safety analysis" over the whole life cycle of a dam is not usual. Defensive dam design as advocated in one case (AU) can be considered as an effective approach as it obliges the designer to examine a series of situations where the dam has to respond to external loads and internal conditions with a given safety margin.

4. Which are the provisions legally required in your country for lowering reservoir level and early warning of the downstream population?

- There is only a limited number of countries where the requirement for lowering the reservoir level is explicitly mentioned in the legislation, either in a law on natural hazards or in an Act on Water Storage or Water Use.
- In several countries this requirement derives from a more general statement on the liability of Owners towards the public in case of inappropriate handling of a risk.
- Provisions for early warning of the downstream population is limited in some countries to Class 1 dams. It can be either by systems directly triggered by the Owner or by an alarm sent first to the Authority that will be then in charge of warning the population and implementing the evacuation measures.

- There is only a limited number of countries where the requirement for lowering the reservoir level is explicitly mentioned in the legislation, either in a law on natural hazards or in an Act on Water Storage or Water Use. In some cases (see CL) this requirement applies only to flood control dams.
- In several countries this requirement derives from a more general statement on the liability of Owners towards the public in case of inappropriate handling of a risk.
- Provisions for early warning of the downstream population are limited in some countries to Class 1 dams. It can be either by systems directly triggered by the Owner or by an alarm sent first to the Authority that will be then in charge of warning the population and implementing the evacuation measures.

5. Are any requirements in your country for dam safety during construction and/or modification works?

- Practice dictates that the risk posed by a dam during construction shall not exceed existing risk levels of the dam during operation (AU, FI), but specific requirements for dam safety during construction are not explicitly contained in the legislation of most countries.
- Main hazard during the construction phase is the river diversion. Selection of the diversion flood is usually made according to local past experience and some state-of-the-art considerations. In most countries it has to be approved by the Authority as part of the construction permit.
- Major repairs or modification works can be assimilated to construction. In such cases the availability of a sufficient discharge capacity through a bottom outlet or spillway openings or both is determining.

6. Are risk analyses used in your country? If yes, are there some specific requirements or standards? What is your feedback?

Whatever your response, in which domain do you think Risk Analysis could better help you at the design stage?

- Risk analysis techniques are used in an increasing number of countries for dam safety evaluation (AU, CA, FR, NL, CLL, SE, US), but usually in the framework of safety assessment of existing dams. The main goal of risk assessment is the description of the dam failure modes, the evaluation of their occurrence and the related consequences (FR). Risk assessment can be driven by internal requirements of the Owners with focus on societal, environmental and financial aspects (CL) and/or by governmental requirements where a corresponding legislation has been established.
- Feedback from the experience gained varies with the length of the period over which risk assessment has been used. For one country that have been instrumental in promoting quantitative risk analysis (Australia) this technique has proved to be very useful and instrumental in prioritization of investment across dam portfolio, extent of upgrades, internal communication of upgrade needs and cross comparison between Owners.
- As pointed out by the French Committee risk assessment in the design phase allows to identify the causes of selected failures scenarios taking into account all possible aspects, such as hydrological and seismic hazards, sensitivity of structures and components, component dysfunctions (i.e. not opening or accidentally closing of gates and valves) and human factors. Combination of all aspects contributing to an accident scenario is highly complementary to the classical design approach. It allows for the development of a criticality matrix containing all selected scenarios which can be used for categorization and comparison (FR).

- Unlike the Australian concept that uses a quantitative approach to risk analysis the French concept applies a qualitative judgment and the Authority does not approve the risk analysis but produces only a judgment.
- Risk assessment would be most useful to be applied already at conceptual and pre-feasibility stages when the project is being defined (CL). The risk matrix and risk log ideally would flow and grow from stage to stage et be updated as the design advances to the next stage.

7. What in <u>your country</u> is the importance of environmental constraints on design and construction of dams?

- In all countries environmental constraints appear to be important and have to be considered at the design and the construction stage. Environmental Impact Assessment (EIA) reports are nowadays standard requirements almost everywhere not only for major dams, but also for smaller structures. Constraints concern basically the reservoir area, the dam site, the reservoir (and powerhouse) operation modes, as well as the dam downstream area.
- Constraints need to be evaluated and analysed consequently with good dam safety practices: modifying the operation mode of a reservoir or incorporating a fish ladder, as examples, need to be assessed to make sure that they do not affect the dam nor the safe operation of the scheme (US).

8. In <u>your country</u> are the dam designers usually involved in the preparation of an operation/ maintenance manual?

- Practice differs from country to country. In some countries O&M are not compulsory (FI, SI) or replaced by a maintenance program (IT), but in all countries a monitoring program is required, that is usually set up by the designer.
- Designers are mostly involved in the preparation of O&M manuals, whereas the technical specifications regarding operation and maintenance of electrical and hydro-mechanical equipment are prepared by the suppliers.
- It is important to have the "risk thinking" present in the O&M manuals and the dam safety engineer, at least, participating in the preparation of the manuals (US)

9. In <u>your country</u>, is the life cycle of a dam from concept to decommissioning considered at the design stage?

- Decommissioning of hydro dams is usually not considered at the design stage. Dams are thought in most cases to "last forever" or, at least, for the duration of the concession of the scheme (50 to 80 years).
- Only in case of tailing dams the decommissioning process has to be established at the design stage and forms part of the mining concession, that has usually a much shorter duration than concessions for hydro dams.

- **Arrangements and practice in your company**

10. Do you conduct peer review of design for your dam projects?

a) Is the peer review a completely independent check of all design assumptions and calculations, or

b) Is peer review based on an independent opinion as to the adequacy of the design based on comparison with design standards?

- Practice differs from country to country.

- New designs are usually checked by an internal committee of experienced engineers within the consulting firm and then submitted to the regulatory authority for (external) approval. The authority usually gather expert(s) to examine the project and check its conformity to standards and guidelines and appreciate the adequacy of non-standardized solutions, if necessary (DE, NL, CH)
- In France the review is performed by a national technical committee representing the Authority and whose recommendations are mandatory.
- In Australia and the USA the Owner has the duty to charge a board of (officially agreed) consultants to perform the review. This applies also to major rehabilitation of dams.
- True peer reviews (according to a), where all design assumptions and calculations are checked, are not common in most countries. They are in any case not compulsory and left over to the appreciation of the Owner and/or of the authority.
- Safety reviews of dams are foreseen in most countries at regular time interval (5 to 10 years usually). They encompass not only analysis of the monitoring data and of the overall condition of the dam, but also review of the hydrological and seismic data (need to update?).

11. Are arrangements for transferring design principles (design records, technology transfer and training, development of permanent institutional knowledge) incorporated into the organization of your company?

- Owners/operators and consulting firms usually have an own system of keeping standards, technical documentation, design and performance records as well as as-built drawings These systems are more or less developed from company to company, but with the increasing importance and versatility of the information technology they can be easily consulted and referenced to.
- Updating of protocols is not always done on a consistent way (CL) and after switching to operation different data bases might develop at the Owner head office and at the operating office.
- In some countries (FR, NO) there is a legal obligation for Owners to keep well documented records regarding maintenance and monitoring procedures and data from the construction phase. The documentation shall be supported by the operators and the designers.
- It is recognized that workshops and seminars contribute greatly to transfer of knowledge, but they do not replace "on the job" training activities.

12. How do you take into account the influence of "organizational, management and procedural" factors over the life-cycle of the dam in dam design?

- Although these factors become increasingly important in large organizations owning and/or operating dams several replies did not correctly address the question
- Non-technical factors regarding organization, management and procedural aspects are usually not taken into account at the design stage
- In several countries Owners have to develop for the operation phase their own safety management system (SMS) that defines the organization, the role and responsibility of each actor, etc. (FR)
- In planning the operation phase some principles, such as good ergonomics of control rooms, computer assistance for flood routing, presence of two operators for spillway operations, installation of intrinsically safe systems when the response time of the operator is incompatible with the kinetics of feared events, etc. will allow to reduce or eliminate the impact of deficient human behaviour in the operation of a dam (FR).

- In complex system such as the Dutch water defence structures full machine interference did not prove to be satisfactory, the main concern being the closing operation of the structure. Thus, human interference has been introduced as correcting influence of the main control mechanism. Regular training of the operational staff is an important issue, which is accounted for in the fault tree analysis (NL)

13. Are physical uncertainties taken into account in the design? If yes, how?

- Structural design: physical uncertainties can intrinsically be considered by adopting higher safety factors or lower strength values. Where safety factors are prescribed by the law or referenced by guidelines there is a trend towards performance of a comprehensive and detailed investigation in order to minimize the uncertainty affecting the material and foundation parameters. The analysis is then conducted to reach the required safety factor (JP).

- Where there are little or no investigation results, parametric studies can help weighing the influence of varying parameters on the safety factors. The associated risk has to be evaluated.

- Another procedure consists in using parametric studies for the material characteristics coupled with a semi-probabilistic approach for stability analyses (FR)

- A different approach can consist in adopting a priori a "defensive" design or a design with some redundancies, such as prescribing wider or multiple filters in an embankment dam (CL)

- Hazards:
  a) The hydrological parameters are determined on a probabilistic way. The return periods for design and maximum floods are usually set up in national guidelines. The higher are the consequences of a dam failure the longer shall be the selected return period. Diversion floods are often determined on a case by case basis as their size depends upon the duration of the river diversion. In some countries they are defined a priori by the Authority.
  b) Seismicity: the international standard calls for the use of deterministic and probabilistic methods in almost all countries.

14. How do you take into account or try to minimize the influence of human factors in dam design?

- Influence of human factors in design can be avoided or at least minimize by having rigorous review processes. This applies also to dam surveillance and monitoring programs. Working in design teams with regular meetings, and participation of the technical review panel and dam safety regulator in the more relevant meetings will also contribute to reduce the effects of human errors (AU).

- Detailed description of the tasks to be achieved by the consultants in charge of design and requirement for them to present and explain their designs to the Owner and the authority are also an efficient way of reducing the influence of human factors (DE).

- Redundancy in monitoring equipment allows to detect early enough errors of reading and thus is also a way of limiting the influence of human factors (IT).

15. How is functional performance taken into account compared to structural performance?

- Almost all repliers believe that both aspects are important and shall be considered at the design stage.

- Nevertheless, whereas structural performance relies on a standard based design, there is nothing similar for the functional performance (FR). It is therefore important to have the operational staff invited at the early stage of project development to bring in their input/needs in the design (AU).
- Functional performance is usually considered at the detail design stage, exceptionally at earlier stages. The attention of the designer goes rather to structural performance as this aspect is directly linked to structural safety (CH).
- Functional performance of complex systems can be evaluated by fault tree analysis (FTA) and integrated structural performance (NL).
- Functional performance, if not appropriately considered, can affect structural performance. This is, for instance the case, when a proposed reservoir operation is changed for various reasons including environmental reasons. This change might affect the functional performance and in turn have also a detrimental effect on the structural performance of the dam (US).

Abbreviations

AU	Australia
CA	Canada
CH	Switzerland
CL	Chile
DE	Germany
ES	Spain
FI	Finland
FR	France
IT	Italy
JP	Japan
LK	Sri Lanka
NL	Netherlands
NO	Norway
SE	Sweden
SI	Slovenia
TR	Turkey
US	United States of America

ICOLD BULLETINS DEALING WITH DAM SAFETY ASPECTS

Subject	Bul N°	Title	S	F	O
a) on risk and safety	B 29	Risks to third parties from large dams	X	X	X
	B 59	Dam safety - Guidelines	X		X
	B 130	Risk assessment in dam safety management		X	X
	B 154	Dam safety management - Operational phase of dam life cycle		X	X
	B 156	Integrated flood risk management		X	X
b) on design and analysis	B 53	Static analysis of embankment dams	X		
	B 52	Earthquake analysis for dams	X		
	B 61	Dam design criteria - Philosophy of choice	X	X	
	B 122	Computational procedures for dam engineering	X		
c) on river diversion	B 48a	River control during dam construction		X	
d) on hydraulic structures	B 49a	Operation of hydraulic structures of dams		X	X
	B 142	Report on safe passage of extreme floods		X	X
e) on dam break analysis	B 111	Dam break flood analysis - Review and recommendations			X
f) on quality control	B 47	Quality control of concrete	X		
	B 56	Quality control for fill dams	X		
	B 136	The specification and quality control of concrete dams	X		
g) on small dams	B 109	Dams less than 30m high - cost savings and safety improvements	X	X	
	B 157	Small dams - Design, surveillance and rehabilitation	X	X	
h) on contracting	B 85	Owners, consultants and contractors		X	

S = structural safety F = functional safety O = operational safety